养鹌鹑

家庭农场致富指南

肖冠华　编著

化学工业出版社

·北京·

图书在版编目（CIP）数据

养鹌鹑家庭农场致富指南 / 肖冠华编著 .—北京：化学工业出版社，2023.1
ISBN 978-7-122-42375-7

Ⅰ . ①养… Ⅱ . ①肖… Ⅲ . ①鹌鹑 - 饲养管理 - 指南 Ⅳ . ① S839-62

中国版本图书馆 CIP 数据核字（2022）第 195257 号

责任编辑：邵桂林　　　　　　　文字编辑：朱丽秀　药欣荣　陈小滔
责任校对：王鹏飞　　　　　　　装帧设计：韩　飞

出版发行：化学工业出版社
　　　　　（北京市东城区青年湖南街 13 号　邮政编码 100011）
印　　装：三河市航远印刷有限公司
850mm×1168mm　1/32　印张 8½　字数 214 千字
2023 年 6 月北京第 1 版第 1 次印刷

购书咨询：010-64518888　　　　售后服务：010-64518899
网　　址：http://www.cip.com.cn
凡购买本书，如有缺损质量问题，本社销售中心负责调换。

定　　价：59.80 元

由于鹌鹑具有繁殖能力强、生长速度快、饲养周期短、营养价值高等特点，且鹌鹑养殖成本低、投资见效快、经济效益好等，因此鹌鹑养殖被誉为"21世纪养禽业的未来"，前景光明，非常适合家庭规模化养殖。

家庭农场是全球最为主要的农业经营方式，在现代农业发展中发挥了至关重要的作用，各国普遍对家庭农场发展特别重视。作为农业的微观组织形式，家庭农场在欧美等发达国家已有几百年的发展历史，坚持以家庭经营为基础是世界农业发展的普遍做法。

2008年，党的十七届三中全会所作的决定当中提出，有条件的地方可以发展专业大户、家庭农场、农民专业合作社等规模经营主体，这是我国首次把家庭农场写入中央文件。

2013年，中央一号文件进一步把家庭农场明确为新型农业经营主体的重要形式，并要求通过新增农业补贴倾斜、鼓励和支持土地流转、加大奖励和培训力度等措施，扶持家庭农场发展。

2019年，中农发〔2019〕16号《关于实施家庭农场培育计划的指导意见》中明确，加快培育出一大批规模适度、生产集约、管理先进、效益明显的家庭农场。

2020年，中央一号文件中明确提出"发展富民乡村产业""重点培育家庭农场、农民合作社等新型农业经营主体"。

2020年3月，农业农村部印发了《新型农业经营主体和服务主体高质量发展规划（2020—2022年）》，对包括家庭农场在内的新型农业经营主体和服务主体的高质量发展作出了具体规划。

国际经验与国内现实都表明，家庭农场是发展现代农业最重要的经营主体，将是未来最主流的农业经营方式。

家庭农场作为新型农业经营主体，有利于推广科技，提升农业生产效率，实现专业化生产，促进农业增产和农民增收。家庭农场相较于规模化养殖场也具有很多优势。家庭农场的劳动者主要是农场主本人及其家庭成员，这种以血缘关系为纽带构成的经济组织，其成员之间具有天然的亲和性。家庭成员的利益一致，内部动力高度一致，可以不计工时，无需付出额外的外部监督成本，可以有效克服"投机取巧、偷懒耍滑"等机会主义行为。同时，家庭成员在性别、年龄、体质和技能上的差别，有利于取长补短，实现科学分工，因此这一模式特别适用于农业生产和提高生产效率。特别对从事养殖业的家庭农场更有利，有利于调动家庭成员的积极性、主动性，家庭成员在饲养管理上更有责任心、更加细心和更有耐心，经营成本更低等。

家庭农场经营的专业性和实战性都非常强，涉及种养方面的知识和技能非常多。这就要求家庭农场的成员具备较强的专业技术，可以说专业程度决定其成败，投资越大，专业要求越高。同时，随着农业结构的不断调整以及农村劳动力的转移，新型职业农民成为从事农业生产的主力军，而新型职业农民的素质直接关乎农业的现代化和产业结构性调整的成效。加强对新型职业农民的职业培育，对全面扩展新型农民的知识范围和提高专业技术水平，推进农业供给侧结构性改革，转变农业发展方式具有重要意义。

为顺应养鹌鹑产业的不断升级和家庭农场健康发展的需要，针对养鹌鹑家庭农场经营者应该掌握的经营管理知识和鹌鹑养殖技能，本书对养鹌鹑家庭农场的兴办、鹌鹑场建设与环境控制、鹌鹑饲养品种的确定与繁殖、鹌鹑的饲料保障、鹌鹑的饲养管理、鹌鹑的疾病防治、鹌鹑产品的加工和农场的经营管理等家庭农场经营过程中涉及的一系列知识，详细地进行了介绍。

这些实用的技能，既符合家庭农场经营管理的要求，又符合新型职业农民培训的要求，为家庭农场更好地实现适度规模经营，取得良好的经济效益和社会效益助力。

本书在编写过程中，参考借鉴了国内外一些养殖专家和养殖实践者实用的观点和做法，在此对他们表示诚挚的感谢！由于作者水平有限，书中很多做法和体会难免有不妥之处，敬请批评指正。

编著者

2023 年 4 月

目 录 CONTENTS

视频目录

第一章

家庭农场概述

一、家庭农场的概念

　　家庭农场，一个起源于欧美的舶来词；在中国，它类似于种养大户的升级版。通常定义为：以家庭成员为主要劳动力，从事农业规模化、集约化、商品化生产经营，并以农业收入为家庭主要收入来源的新型农业经营主体。

　　家庭农场具有家庭经营、适度规模、市场化经营、企业化管理等四个显著特征，农场主是所有者、劳动者和经营者的统一体。家庭农场是实行自主经营、自我积累、自我发展、自负盈亏和科学管理的企业化经济实体。家庭农场区别于自给自足的小农经济的根本特征，就是以市场交换为目的，进行专业化的商品生产，而非满足自身需求。家庭农场与合作社的区别在于家庭农场可以成为合作社的成员，合作社是农业家庭经营者（可以是家庭农场主、专业大户，也可以是兼业农户）的联合。

　　从世界范围看，家庭农场是当今世界农业生产中最有效率、最可靠的生产经营方式之一，目前已经实现农业现代化的西方发达国家，普遍采取的都是家庭农场生产经营方式，并且在 21 世纪的今天，其重要性正在被重新发现和认识。从我国国内情况看，20 世纪 80 年代初期我国农村经济体制改革实行的家庭联产承包责任制，使我国农业生产重新采取了农户家庭生产经营这一最传统也是最有生命力的组织形式，极大地解放和发展了农业生产力。然而，家庭联产承包责任制这种"均田到户"的农地产权配置方式，形成了严重超小型、高度分散的土地经营格局，已越来越成为我国农业经济发展的障碍。在坚持和完善农村家庭承包经营制度的框架下，创新农业生产经营组织体制，推进农地适度规模经营，是加快推进农业现代化的客观需要，符合农业生产关系要调整适应农业生产力发展的客观规律要求。而家庭农场生产经营方式因其技术、制度及组织路径的便利性，成为土地集体所有制下推进农地适度规模经营的一种有效的实现形式，是家庭承包经营制的"升级版"。与西方发达国家以土地私有制为基础的家庭农场生产经营方式不同，我国的家庭农场生产经营方式是在土地集体所有制下从农村家庭承包经营方式的基础上发展而来的，因而有其自身的特点。我国的家庭农场是有中国特色的家庭农场，是土地集体所有制下推进农地适度规模经营的重要实现形式，是推进中国特色农业现代化的重要载体，也是破解"三农"问题的重要抓手。

家庭农场的概念自提出以来，一直受到党中央的高度重视。党中央为家庭农场的快速发展提供了强有力的政策支持和制度保障，使其具有广阔的发展前途和良好的未来。截至 2018 年底，全国家庭农场达到近 60 万家，其中县级以上示范家庭农场达 8.3 万家，全国家庭农场经营土地面积 1.62 亿亩（1 亩 = 666.67 平方米）。家庭农场的经营范围逐步走向多元化，从粮经结合，到种养结合，再到种养加一体化，一、二、三产业融合发展，经济实力不断增强。

二、养鹌鹑家庭农场的经营类型

(一)单一生产型家庭农场

单一生产型家庭农场是指单纯以养鹌鹑（见图1-1）为主的生产型家庭农场，是以饲养蛋鹌鹑、肉鹌鹑、育雏鹌鹑为核心，以鹌鹑蛋、肉鹌鹑、育成鹌鹑为主要经济来源的经营模式。适合产销衔接稳定、养鹌鹑设施和养殖技术良好、周转资金充足的规模化养鹌鹑的家庭农场。

图1-1　鹌鹑养殖

如重庆市垫江县的小袁，看到本地搞鹌鹑养殖的人少，重庆市场对鹌鹑蛋的需求量又很大，而且鹌鹑不仅能产蛋，产蛋后的鹌鹑还可以整只出售给烧烤店，效益较高；另外，鹌鹑生长快，40天左右就可产蛋，一年可产250～300枚，市场价格在每斤（1斤=500克）6元左右，见效快。于是决定开始鹌鹑养殖。养殖规模在3万只左右，产的鹌鹑蛋以保底价6元一斤卖给重庆一家公司，一年下来抛开成本，有15万元的净利润。

（二）产加销一体型家庭农场

产加销一体型家庭农场是指家庭农场将本场养殖的鹌鹑蛋和鹌鹑加工成食品对外进行销售的经营模式（见图1-2）。即生产产品、加工产品和销售产品都由自己来做，省掉了很多中间环节，使利润更加集中在自己手中，还可以将鹌鹑粪加工成肥料或饲料出售。

图1-2　产加销一体型家庭农场示意

产加销一体型家庭农场，以市场为导向，充分尊重市场发展的客观规律，依靠农业科技化、机械化、规模化、集约化、产业化等方式，延伸经营链，增加家庭农场经营过程中的附加价值。如将鹌鹑蛋加工成松花蛋，煮熟后剥皮批发给火锅店，加工真空包装的五香鹌鹑等，还有将鹌鹑粪加工成饲料的，提高了鹌鹑粪的价值。浙江金华一家鹌鹑养殖场的老金投资8万元，购进锅炉、蒸炉等设备，将鹌鹑粪加工成饲料，重新利用起来。在175℃的高温下，鹌鹑粪被杀菌、蒸干。每50千克猪饲料可添加20％～30％的蒸干鹌鹑粪，按照当时的猪饲料价格，每 50 千克猪饲料添加蒸干鹌鹑粪除去蒸干成本，还可节省饲料成本约 20 元。据了解，蒸干的鹌鹑粪除了可以养猪外，还可以养奶牛。

（三）种养结合型家庭农场

种养结合型家庭农场是指将种植业和养殖业有机结合的一种生态农业模式。即将畜禽养殖产生的粪便作为有机肥的基础，为种植业提供有机肥来源；同时，种植业生产的作物又能够给畜禽养殖提供食源。该模式能够充分将物质和能量在动植物之间进行转换及良好循环（见图 1-3），既解决了畜禽养殖的环保问题，又为生产安全放心食品提供了饲料保障，做到了农业生产的良性循环。

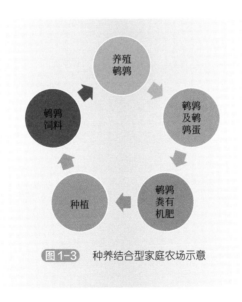

图1-3　种养结合型家庭农场示意

如粮 - 鹌鹑种养模式。此模式是按照鹌鹑的营养需要及所需饲料原料品种和数量要求，配置相应耕地种植。鹌鹑所需要的玉米、小麦、大豆等优质饲料原料，在种植过程中不施化肥，只施鹌鹑排出的粪便经加工处理成的有机肥；收获的饲料原料再加工成自己农场养鹌鹑所需的配合饲料。此模式能够保证鹌鹑所用的饲料符合生产无公害食品所需饲料的要求，因此生产的鹌鹑蛋和肉可达到无公害食品标准。

当然，种养结合型家庭农场的种植，既可以是利用养殖畜禽的粪便种植的粮食作物，也可以是利用畜禽粪便种植的非粮食作物，如蔬菜、果树、茶树、葡萄等。主要是围绕畜禽粪便的资源化利用，应用畜禽粪便沼气工程技术、畜禽粪便高温好氧堆肥技术、有机肥加工技术、配套设施农业生产技术、畜禽标准化生态养殖技术、特色林果种植技术，构建"畜禽粪便—沼气工程—燃料—沼渣、沼液—果（菜）""畜禽粪便—有机肥—果（菜）"产业链。

种养结合型家庭农场模式属于循环农业的范畴，可以使农业资源的最合理化和最大化利用，实现经济效益、社会效益和生态效益的统一，降低种养业的经营风险。适合既有种植技术，又有养殖技术的家庭农场采用。同时对农场主的素质和经营管理能力，以及农场的经济实力都有较高的要求。

（四）公司主导型家庭农场

公司主导型家庭农场是指家庭农场在自主经营、自负盈亏的基础上，与当地龙头企业合作的经营模式。即龙头企业统一制定生产规划和生产标准，以优惠价格向家庭农场提供种苗、农业生产资料及技术服务，并以高于市场的价格回收农产品；家庭农场按照龙头企业的生产要求进行畜禽生产，产出的畜禽产品直接由龙头企业按合同规定的品种、时间、数量、质量和价格出售（见图1-4）。家庭农场利用场地和人工等优势，龙头企业利用资金、技术、信息、品牌、销售等优势，一方面可减少家庭农场的经营风险和销售成本；另一方面，可解决龙头企业大量用工、需要大量养殖场地的问题，也可减少生产的直接投入。在合理分工的前提下，两者相互配合，获得各自领域的效益。

家庭农场	养殖公司
咨询、洽谈	考察、评估
申请开户、缴纳保证金	建档开户
建设养殖场，达到可使用状态	指导建设标准化养殖场
双方签订养殖合同	双方签订养殖合同
领鹌鹑雏、饲料、兽药	孵化场、饲料厂、服务部备货
按照作业指导书规范养殖	提供技术指导、做好检查监督
达到上市标准交付产品	公司组织统一销售
若继续养殖签订下一批养殖合同	双方结算养鹌鹑收益

图1-4 公司主导型家庭农场模式

家庭农场一般负责提供饲养场地、畜禽舍、人工、周转资金等。龙头企业实行统一提供畜禽品种、统一生产标准、统一饲养标准、统一技术培训、统一饲料配方、统一市场销售等六统一，有的还实行统一供应良种、统一供应饲料、统一防病治病等。

龙头企业与家庭农场的合作，以企业为组织单元，采用新型产业化组织方式，以产业链延伸为特征，以科技支撑为依托，通过代养、赊销、包销、托管等形式，与家庭农场开展养殖合作。通过合同、契约、股份制等形式，家庭农场与龙头企业连成互利互惠的产业纽带，实现降低生产成本、降低经营风险、优化资源配置、提高经济效益的目的。

如辽宁省凤城市鹌鹑养殖户老张，与当地的一家从事罐头食品加工的企业签订养殖合同，按公司的收购标准进行鹌鹑养殖，符合标准的鹌鹑蛋公司全部收购。饲养期间，只允许使用公司提供的饲料，如果鹌鹑在产蛋期间感冒用药，产下的鹌鹑蛋绝不允许流入市场。该公司还会对鹌鹑蛋进行严格的药物残留检测，如果发现养殖户有违约喂养行为，不仅要取消合同，还要让其承担违约责任。

此模式减少了家庭农场的经营风险和销售成本，家庭农场专心养好鹌鹑就行，适合本地区有良好信誉的龙头企业的家庭农场采用。

（五）合作社（协会）主导型家庭农场

合作社（协会）主导型家庭农场是指家庭农场自愿加入当地养殖专业合作社或养殖协会，在养殖专业合作社或养殖协会的组织、引导和带领下，进行畜禽专业化生产和产业化经营，产出的畜禽产品由养殖专业合作社或养殖协会负责统一对外销售。

家庭农场一般负责提供饲养场地、畜禽舍、人工和周转资金等。家庭农场加入合作社可获得国家的政策支持，同时又可享受来自合作社的利益分成。养殖专业合作社或养殖协会主要承担协调和服务的功能，在组织家庭农场生产过程中实行统一提供优良品种、统一技术指导、统一饲料供应、统一饲养标准、统一产品销售等五统一。同时注册自己的商标和创立畜禽产品品牌，有的还建立养殖风险补偿资金，对不可抗拒因素造成的损失进行补偿。有的养殖专业合作社或养殖协会还引入公司或龙头企业，实行"合作社＋公司（龙头企业）＋家庭农场"发展模式。

在美国，一个家庭农场要同时加入 4～5 家合作社；欧洲一些国家将家庭农场纳入了以合作社为核心的产业链系统，例如，荷兰的以适度规模家庭农场为基础的"合作社一体化产业链组织模式"。在该种产业链组织模式中，家庭农场是该组织模式的基础，是农业生产的基本单位；合作社是该组织模式的核心和主导，其存在价值是全力保障社员家庭农场的经济利益；公司的作用是收购、加工和销售家庭农场所生产的农产品，以提高农产品附加值。家庭农场、合作社和公司三者组成了以股权为纽带的产业链一体化利益共同体，形成了相互支撑、相互制约、内部自律的"铁三角"关系。国外家庭农场发展的经验表明，与合作社合作是家庭农场成功运营、健康快速发展的重要原因，也是确保家庭农场利益的重要保障。养殖专业合作社或养殖协会将家庭农场经营过程中涉及的畜禽养殖、屠宰加工、销售渠道、技术服务、融资保险、信息资源等有机地衔接，实现资源的优势整合、优化配置和利益互补，化解家庭农场小生产与大市场的矛盾，解决家庭农场标准化生产、食品安全和适度规模化问题，使家庭农场能获得更强大的市场力量、更多的市场权利，降低家庭农场养殖生产的成本，增加养殖效益。

此模式适合本地区有较强实力的专业合作社和养殖协会的家庭农场采用。如《农民日报》曾经报道过的重庆市铜梁区鹌鹑合作社做大规模掌握市场定价权的新闻。当时铜梁是重庆最大的鹌鹑养殖区，全区养殖户有 300 多户，集中在旧县和相邻的二坪、水口等镇，总养殖量 400 多万只，总产值上亿元。

合作社根据市场的需求和销售信息，随时制订合理的批发价，用批发价来调控市场。经过测算，鹌鹑蛋每千克只要不低于 8.5 元，养殖户就不会亏损。合作社把价格定在每千克 12 元的合理价位上，养殖户既有钱赚，市场也能接受。养殖户只要养好鹌鹑就行，不用担心鹌鹑的销路，在镇里所有养殖户的鹌鹑都是通过合作社卖出去的。

为了避免养殖风险，合作社建立了风险基金，合作社每卖出 500 克鹌鹑就要提出 8 分钱来作为风险基金，并用风险基金建设了冷库。2005 年秋天该地区发生了禽流感，合作社拿出当年积存的风险基金，先给养殖户一些补助让他们买饲料，同时用风险基金回收社员的鹌鹑储藏起来，禽流感过去的时候，再把鹌鹑卖掉。开始收取风险基金的时候，很多社员虽然都交了钱，可心里却一直想不通。但是经历了 2005 年的禽流感后，养殖户们都亲眼见到了风险基金的用途。如果没有风险基金，养殖大户就会亏掉几万块钱，反之他们会收获实实在在的好处。

（六）观光型家庭农场

观光型家庭农场是指家庭农场利用周围生态农业和乡村景观，在做好适度规模种养生产经营的条件下，开展各类观光旅游业务，借此销售农场的畜禽产品。

观光型家庭农场将自己养殖的具有特殊风味的鹌鹑食品和种植的瓜果、蔬菜，通过种植养殖体验、产品品鉴、采摘、餐饮、旅游纪念品等形式销售给游客。这种集规模化养鹌鹑、休闲农业和乡村旅游于一体的经营方式，既满足了消费者的新鲜、安全、绿色、健康饮食心理，又提高了畜禽产品的商品价值，增加了农场收益。

此模式适合城郊或城市周边、交通便利、环境优美、种植养殖设施完善、特色养鹌鹑和餐饮住宿条件良好的家庭农场采用，对自然资源、农场规划、养殖技术、经营和营销能力、经济实力等都有较高的要求。

三、当前我国家庭农场的发展现状

（一）家庭农场主体地位不明确

家庭农场是我国新型农业经营主体之一，其立法的缺失制约了家庭农场的培育和发展，而且现有的民事主体制度不能适应家庭农场培育和发展的需求。家庭农场在法律层面的定义不清晰，导致其登记注册制度、税收优惠、农业保险等政策及配套措施缺乏，融资及涉农贷款无法解决。再加上家庭农场抵御自然灾害的能力差，这些都对家庭农场的发展造成很大制约。

应当明确家庭农场为新型非法人组织的民事主体地位，这是家庭农场从事规模化、集约化、商品化农业生产，参与市场活动的前提条件。家庭农场的市场主体地位的明确也为其与其他市场主体进行交易、竞争等市场活动，打下良好的基础。

（二）农村土地流转程度低

目前我国的农村土地制度尚不完善，导致很多地区农地产权不清晰，而且农村存在过剩的劳动力，他们无法彻底转移土地经营权，进一步限制土地的流转速度和规模。其具体体现在四个方面：其一是土地的产权体系不够明确，土地归属于哪一级没有明确的规定，制度的缺陷导致土地所有权的混乱。土地不能明确归属于所有者，造成了在土地流转过程中无法界定交易双方权益，双方应享受的权利和义务也无法合理协调，这使得土地在流转过程中出现了诸多的权益纷争，加大了土地流转难度，也对土地资源合理优化配置产生不利影响。其二是土地承包经营权权能残缺。虽然我国已出台《民法典》，对土地承包经营权进行相应的制度规范，但是从目前农村土地承包经营的大环境来看，其没有体现出法律法规在现实中的作用，土地的承包经营权不能用于抵押，使得土地的物权性质表现出残缺的一面。其三是农民惜地意识较强，土地流转租期普遍较短，稳定性不足，家庭农场规模难以稳定；同时土地流转不规范不合理，难以获得相对稳定的集中连片土地，影响了农业投资及家庭农场的推广。其四是农民缺乏相关的法律意识，充分利用使用权并获取经济效益的愿望还不强烈，土地流转没有正式协议或合同，容易发生纠纷，土地流转后农民的权益得不到有效保障。

（三）资金缺乏问题突出

家庭农场前期需要大量资金的投入，土地租赁、畜禽舍建设、养殖设备购置、种畜禽引进、农机购置等需大量资金，家庭农场的运营和规模扩张亦需相当数量的资金，这对于农民来说是无形中的障碍。

目前，家庭农场资金的投入来源于家庭农场开办者人生财富的积累、亲友的借款和民间借贷。而农业经营效益低、收益慢，家庭农场又没有可供抵押的资产，使其很难从银行得到生产经营所需的贷款，即使能从银行得到贷款，也存在额度小、利息高、缺乏抵押物、授信担保难、手续繁杂等问题。这对于家庭农场前期的发展较为不利，除沿海发达地区家庭农场发展资金能够通过这些渠道凑足外，其他地区相对紧迫，都不同程度地存在生产资金缺乏的问题。

（四）经营方式落后

家庭农场是对现有的单一、分散农业经营模式的突破和推进，农民必须从原有的家长式的传统小农经营意识中解脱出来，建立现代化经营理念，要运用价格、成本、利润等经济杠杆进行投入、产出及效益等经济核算。

家庭农场的经营方式落后表现在缺乏长远规划，不懂得适度规模经营，没有掌握市场运行规律，不能实时掌握市场信息，对市场不敏感，接受新技术和新的经营理念慢，没有自己的特色和优势产品等。如多数家庭农场都是看见别人养殖或种植什么挣钱了，也跟着种植或养殖，盲目地跟风就会打破市场供求均衡，进而导致家庭农场的亏损。

家庭农场作为一个组织，要逐步实现由传统式的组织方式向现代企业式家庭农场转化。

（五）经营者缺乏科学种养技术

家庭农场劳动者一般是典型的职业农民。作为家庭农场的组织管理者，除了需要掌握农产品生产技能，更需要有一定的管理技能，如进行产品生产决策的能力，与其他市场主体进行谈判的技能，开拓市场的能力。虽然现行的"家庭农场＋龙头企业"或"家庭农场＋合作社"模式对家庭农场的组织能力要求较低，但是也需要其掌握科学的种养技术和一定的销售能力。同时，由于采用这种模式家庭农场生产环节的利润相对较低，要取得更大的经济效益就不是单纯的"养（种）得好"的问题。家庭农场未来依赖于附加值发展壮大，而附加值的增加需要技术的改良和应用，更需专业的种养技术。

而目前许多年轻人，特别是文化程度较高的人不愿意从事农业生产。多数家庭农场经营者的学历以高中以下为多，最新的科技成果也无法在农村得到及时推广，这些现实情况影响和制约了家庭农场决策能力和市场拓展能力的发展，成为我国家庭农场发展的严峻挑战。

第二章

家庭农场的兴办

一、兴办养鹌鹑家庭农场的基础条件

做任何事情都要具备一定的条件，只有具备了充分且必要的条件以后再行动，成功的概率才大一些。否则，如果准备不充分，甚至连最基础的条件都不具备就盲目上马，极容易导致失败。家庭农场的兴办也是一样，家庭农场的成员要事先对兴办所需的条件和自身实力进行充分的考察、咨询、分析和论证，找出自身的优势和劣势，对兴办家庭农场需要具备的条件、已经具备的条件、不具备的条件，有一个准确、客观、全面的评估和判断，最终确定是否适合兴办，以及兴办哪一类家庭农场。下面所列的八个方面，是兴办家庭农场前就要确定的基础条件。

（一）确定经营类型

兴办家庭农场首先要确定经营的类型。目前我国家庭农场的经营类型有单一生产型家庭农场、产加销一体型家庭农场、种养结合型家庭农场、公司主导型家庭农场、合作社（协会）主导型家庭农场和观光型家庭农场等六种类型。这六种类型各有其适应的条件，家庭农场在兴办前要根据所处地区的自然资源、鹌鹑场种植养殖能力、加工销售能力和经济实力等综合确定兴办哪一类型的家庭农场。

如果家庭农场所处地区只有适合养殖用的场地，没有种植用场地，能够做好粪污无害化处理，同时饲料保障、销售渠道稳定，交通便利，那么可以兴办单一生产型家庭农场。如果家庭农场既有养殖能力，同时又有将鹌鹑蛋和肉鹌鹑加工成特色食品的技术能力和条件，如加工成鹌鹑蛋罐头、五香鹌鹑蛋、五香鹌鹑、香脆鹌鹑、松花皮蛋等食品，并有销售能力的，就可以考虑兴办产加销一体型家庭农场，通过直接加工成食品后销售，延伸了产业链，增加了家庭农场经营过程中的附加价值。

种养结合型家庭农场是一种非常有前景的模式，将种植业和养殖业有机结合，走循环农业、生态农业的良性发展之路，可以实现农业资源的最合理化和最大化利用，实现经济效益、社会效益和生态效益的统一，降低种养业的经营风险。如果家庭农场所在地既有适合养殖用的场地，又有种植用的场地，而畜禽污染处理环保压力大，就可重点考虑这种模式。特别是以生产无公害食品、绿色食品和有机食品为主要方式的家庭农场，由于种植环节可以按照生产无公害食品、绿色食品和有机食品所需饲料原料的要求组织生产和加工，在鹌鹑养殖环节也可以按照无公害食品、绿色食品和有机食品饲养要求去做，做到整个养殖环节安全可控，是比较理想的生产方式。

对于有养殖所需的场地，能自行投资建设规模化养鹌鹑所需的养殖场，又具有养殖技术，具备规模化鹌鹑养殖条件的，如果自有周转资金有限，而所在地区又有大型龙头企业的，就可以兴办公司主导型家庭农场。与大型公司合作养鹌鹑，既可减少了家庭农场的经营风险和销售成本，又可解决了龙头企业大量用工、需要大量养殖场地的问题，也可减少生产的直接投入。

如果所在地没有大型龙头企业，而当地的养鹌鹑专业合作社或养鹌鹑协会又办得比较好，就可以兴办合作社（协会）主导型家庭农场。如果农场主具有一定的工作能力，也可以带头成立养鹌鹑专业合作社或养鹌鹑协会，带领其他养殖场（户）共同养鹌鹑致富。

　　如果要兴办家庭农场的地方在城郊或城市的周边，交通便利，有山有水，环境优美，同时有绿色食品种植场地的，兴办者又有资金实力、养殖技术和营销能力的，就可以兴办以鹌鹑养殖和绿色蔬菜瓜果种植为核心的，融采摘、餐饮、旅游观光为一体的观光型家庭农场。

　　需要注意的是，以上介绍的只是目前常见的养殖类家庭农场经营的几种类型。在家庭农场实际经营过程中还有很多好的做法值得我们学习和借鉴，而且以后还会有许多创新和发展。

小贴士：

　　没有哪一种经营模式是最好的经营模式，适合自己的就是最好的经营模式。家庭农场在确定采用哪种经营类型的时候应坚持因地制宜的原则，应选择那种能充分发挥自身优势和利用地域资源优势的经营模式，少走弯路。

（二）确定生产规模

　　确定养鹌鹑家庭农场的生产规模应坚持适度规模的原则。适度规模经营来源于规模经济，指的是在既有条件下，适度扩大生产经营单位的规模，使畜禽养殖规模、土地耕种规模、资本、劳动力等生产要素配置趋向合理，以达到最佳经营效益的活动。

对家庭农场来讲，到底多大的养殖规模和多大的土地面积算适度规模经营，要根据家庭农场的生产要素投入、养殖和种植技术、家庭农场经营类型、经济效益、家庭农场所处地区综合确定。主要考虑的因素有：家庭农场类型、资金、当地自然条件、经济社会发展进度、技术推广应用程度、机械化和设施化水平、劳动力状况、社会化服务水平等，还要受到家庭农场经营者主观上对机会成本的考量、家庭农场经营者的经营意愿（能力）的影响，以及当地农村劳动力转移速度与数量、土地流转速度与数量、乡村内生环境、农民分化程度、农业保险市场以及信贷市场等外部因素的约束。

确定养鹌鹑场的饲养规模，应遵循以下三个原则：一是平衡原则。饲料供给量与鹌鹑群饲养量相平衡，避免料多鹌鹑少或鹌鹑多料少两种情况发生。具体地说是各个月份供应的饲料种类、饲料数量与各月份的鹌鹑存栏及饲料需要量相平衡，避免出现季节性饲料不足的现象。二是充分利用原则。各种生产要素都要合理地加以利用。将以最少的生产要素的耗费，如鹌鹑舍、资金、劳动力等，获得最大经济效益的生产规模列入计划，即最大限度地利用现有的生产条件。三是以销定产原则。生产的目标应与销售的目标相一致，生产计划应为销售计划服务，坚持以销定产，避免以产定销。要以盈利为目标，以销售额为结果，以生产为手段，合理安排各个阶段的规模和任务。

如单一生产型家庭农场，只涉及鹌鹑养殖一项，不涉及种植，只考虑养殖方面的规模即可，规模可大一些。如在笼养、喂料、清粪、收集鹌鹑蛋等全部采用人工的条件下，一个人通常可以管理2万只左右鹌鹑；如果采用机械自动上料、机械清粪、人工收集鹌鹑蛋，养殖的数量就可以增加，一人可以管理5万只左右鹌鹑。

还要考虑饲料供应问题，因为饲料供应是鹌鹑养殖日常管理的最主要问题。在饲料供应上，1万只产蛋鹌鹑每天消耗配合饲料250～300千克。5万只产蛋鹌鹑每天消耗配合饲料

1250～1500 千克。无论是自配饲料还是外购饲料，都对饲料保障提出了较高的要求，需要做好饲料供应工作。如果饲料供应有保证，可以按照以上的规模进行，否则，要减少养殖的规模。

此外，还要考虑鹌鹑蛋和肉鹌鹑的销售问题，应根据市场销售数量确定养殖的规模，以销定产，以免造成销售难。

小贴士：

经济学理论告诉我们：规模才能产生效益，规模越大效益越大，但规模达到一个临界点后其效益随着规模增大而呈反方向下降。这就要求找到规模的具体临界点，而这个临界点就是适度规模。

在不同的生产力发展水平下，养殖规模经营的适应值不同，一定的规模经营产生一定的规模效益。

（三）确定饲养工艺

家庭农场养鹌鹑首先要确定饲养工艺流程，因为饲养工艺流程决定鹌鹑场的规划布局以及设施建设等问题。也就是说，饲养工艺流程决定鹌鹑场要怎样建设、建设哪些设施、设施怎样布局等。确定了饲养工艺流程，就确定了要建设哪类鹌鹑舍、建设哪些附属设施、鹌鹑舍和附属设施多大面积、鹌鹑舍和附属设施如何布局等具体建设事宜。

规模化养鹌鹑要求采用"全进全出"的饲养工艺流程来组织日常生产，即在同一时间将处于同一生长发育或繁殖阶段的鹌鹑群全部移进或移出某一栏舍。就是根据鹌鹑的不同生理阶段，采用工业流水生产线的方式，将处于同一生理阶段的鹌鹑放在同一个类型的鹌鹑舍，并给予符合该生长阶段的营养和管理方法。

鹌鹑场为了实现"全进全出"的饲养工艺流程，在建场的时候就要制定一套完整的、适合本场实际的饲养工艺流程。由于鹌鹑生长速度快，饲养时间较短，所以饲养工艺较简单。

根据鹌鹑养殖的用途分为蛋鹌鹑和肉鹌鹑两种，蛋鹌鹑的生产工艺流程为育雏—育成—产蛋三个阶段（见图2-1），需要育雏舍、育成舍和产蛋舍等三个类型的鹌鹑舍；肉鹌鹑的生产工艺流程为育雏和育成两个阶段（见图2-2），需要具备育雏舍和育成舍两个类型的鹌鹑舍。对于规模小的养殖场也可以将育成和产蛋合并在一个阶段，即整个产蛋鹌鹑的饲养管理分为育雏和产蛋两个阶段。重点强调的是，各个阶段的生产地点要保持一定的安全距离，相对独立，防止鹌鹑群之间相互传染疾病。

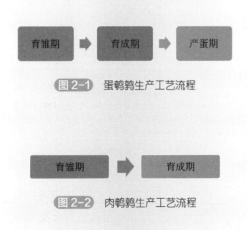

图2-1　蛋鹌鹑生产工艺流程

图2-2　肉鹌鹑生产工艺流程

👤 **小贴士：**

鹌鹑蛋饲养工艺必须满足"全进全出"这一基本要求。"全进全出"的饲养工艺流程不但可以有效地、有计划地组织生产，而且可以充分利用养殖技术和设备，提高生产效率和鹌鹑舍利用率，在减少疾病的相互传播、提高鹌鹑群的健康水平以及设备的保养维修方面具有重要的现实意义。

（四）资金筹措

家庭农场养鹌鹑需要的资金很多，这一点投资兴办者在兴办前一定要有心理准备。养鹌鹑场地的购买或租赁、鹌鹑舍建筑及配套设施建设、购置养鹌鹑设备、购买鹌鹑、购买饲料、防疫费用、人员工资、水费、电费等，都需要大量的资金作保障。

从鹌鹑场的兴办进度上看，在鹌鹑场前期建设至正式投产运行，直到能对外出售肉鹌鹑或鹌鹑蛋这段时间，都是资金的净投入阶段。虽然鹌鹑的饲养周期短，资金投入相对于其他养殖品种少，但是也要准备充足的资金。据测算，饲养1万只鹌鹑，鹌鹑舍投资5万元，笼具投资0.75万元，鹌鹑产蛋前期开支2.6万元，合计支出8.35万元，以上支出为前期投资，需要家庭农场在投资前必须筹集完。也就是说，家庭农场要饲养1万只鹌鹑，如果全部都要新建的话，至少需要启动资金9万元。

中国有句谚语，"家财万贯，带毛的不算"。说的是即使你饲养的家禽家畜再多，一夜之间也可能全死光，这其中折射出人们对养殖业风险控制的担忧。如果家庭农场在经营过程中出现不可预料的、无法控制的风险，应对的办法之一就是继续投入大量资金。如家庭农场内部出现管理差或者暴发大规模疫情，家庭农场的支出会增加得更多。或者外部市场出现大幅波动，鹌鹑蛋价大跌，养殖行业整体处于亏损状态时，还要有充足的资金能够渡过价格低谷期。这些资金都要提前准备好，现用现筹集不一定来得及。此时如果没有足够的资金支持，家庭农场将难以经营下去。

家庭农场在资金使用上容易出现的问题，一是投资前资金准备不充足，有建场的钱没养鹌鹑的钱；二是盲目建设，鹌鹑舍建设不合理，浪费了资金，使本来就紧张的资金更加紧张；三是对市场行情波动没有准备，赶上价格低谷只能赔钱的时候，是否能坚持到价格反弹的时候。

家庭农场的资金来源主要有三个方面：

1. 自有资金

在投资建场前自己就有充足的资金这是首选。俗话说：谁有也不如自己有。自有资金用来养鹌鹑也是最稳妥的方式，这就要求投资者做好鹌鹑场的整体建设规划和预算，然后按照总预算额加上一定比例的风险资金，足额准备好兴办资金，并做到专款专用。资金不充足哪怕不建设，也不能因缺资金导致半途而废。对于以前没有养鹌鹑经验或者刚刚进入养鹌鹑行业的投资者来说，最好采用滚雪球的方式适度规模发展。切不可贪大求全，使规模比能力大，而驾驭不了鹌鹑场的经营。

2. 亲戚朋友借款

需要在建场前落实具体数额，并签订借款协议，约定还款时间和还款方式。因为是亲戚朋友，感情的因素起决定性作用，所以是一种帮助性质的借款，但要以保证借款的本金安全为主，借款利息以低于银行贷款的利息为宜。可以约定如果盈利了，适当提高利息数额，并尽量多付一些。如果经营不善，以还本金为主，还款时间也要适当延长，这样是比较合理的借款方式。这里需要注意的是，鹌鹑养殖业要远离高利贷，因为这种借贷方式不适合养殖业，风险太大。特别是经营能力差的养殖场无论何时都不宜通过借高利贷经营鹌鹑场。

3. 银行贷款

尽管银行贷款的利息相对较低，但对养殖业来说却是比较难的借款方式，因为养鹌鹑场具有许多先天的限制条件。从鹌鹑场资产的形成来看，鹌鹑场本身投资很大，但没有可以抵押的物品，比如鹌鹑场用地多属于承包租赁、鹌鹑舍建筑无法取得房屋产权证，不像商品房能够作抵押。于是出现在农村投资百万建鹌鹑场，却不能用来抵押的现象。而且许多中小养鹌鹑场本身的财务制度也不规范，还停留在以前小作坊的经营方式上，资金结算多是通过现金直接进行的。而银行要借钱给鹌鹑场，就要掌握鹌鹑场的现金流、物流和信息流，同时银行还要了解鹌鹑场的还款能力。鹌鹑场这种经营方式很难满足银行的要求，信息不对称，在银行就借不到钱。所以，鹌鹑场的经营管理必须规范有序、诚信经营、适度规模养殖，还要使资金流、物流、信息流对称。可见，良好的管理既是鹌鹑场经营管理的需要，也是鹌鹑场良性发展的基础条件。

小贴士：

无论采用何种筹集资金的方式，鹌鹑场的前期建设资金还是要投资者自己准备好的，俗话说：没有梧桐树引不来金凤凰。连鹌鹑舍都没有，谁会相信你是养鹌鹑的，只和别人谈理想也是远远不够的，空手套白狼更不可取。

在决定采用借外力实现养鹌鹑赚钱的时候，要事先有预案，选择最经济的借款方式，还要保证这些方式能够实现，要留有伸缩空间，绝不能落空。这就需要家庭农场具备广泛的社会关系和超强的经营管理能力，能够熟练应用各种营销手段。

（五）场地与土地

养鹌鹑需要建设各类鹌鹑舍、饲料储存和加工用房、人员办公和生活用房、消毒间、水房、锅炉房等生产和生活用房，以及废弃物无害化处理场所和厂区道路等。实行种养结合的家庭农场，还需要种植本场所需饲料的农田等，这些都需要占用一定的土地作为保障。养殖场用地也是投资兴办鹌鹑场必备的条件之一。

自然资源部制定的《全国土地分类》和《关于养殖占地如何处理的请示》规定：养殖用地属于农业用地，其上建造养殖用房不属于改变土地用途的行为，占用基本农田以外的耕地从事养殖业不再按照建设用地或者临时用地进行审批。应当充分尊重土地承包人的生产经营自主权，只要不破坏耕地的耕作层，不破坏耕种植条件，土地承包人可以自主决定将耕地用于养殖业。

自然资源部、农业农村部《关于设施农业用地管理有关问题的通知》（自然资规〔2019〕4 号）规定：设施农业用地包括农业生产中直接用于作物种植和畜禽水产养殖的设施用地。其中，畜禽水产养殖设施用地包括养殖生产及直接关联的粪污处置、检验检疫等设施用地，不包括屠宰和肉类加工场所用地等。

设施农业属于农业内部结构调整，可以使用一般耕地，不需落实占补平衡。养殖设施原则上不得使用永久基本农田，涉及少量永久基本农田确实难以避让的，允许使用但必须补划。

设施农业用地不再使用的，必须恢复原用途。设施农业用地被非农建设占用的，应依法办理建设用地审批手续，原地类为耕地的，应落实占补平衡。

各类设施农业用地规模由各省（区、市）自然资源主管部门会同农业农村主管部门根据生产规模和建设标准合理确定。其中，看护房执行"大棚房"问题专项清理整治整改标准，养殖设施允许建设多层建筑。

　　市、县自然资源主管部门会同农业农村主管部门负责设施农业用地日常管理。国家、省级自然资源主管部门和农业农村主管部门负责通过各种技术手段进行设施农业用地监管。设施农业用地由农村集体经济组织或经营者向乡镇政府备案，乡镇政府定期汇总情况后汇交至县级自然资源主管部门。涉及补划永久基本农田的，须经县级自然资源主管部门同意后方可动工建设。

　　尽管国家有关部门的政策非常明确地支持养殖用地需要。但是，根据国家有关规定，规模化养殖场必须先经过用地申请，用地符合乡镇土地利用总规划，办理租用或征用手续，还要取得环境评价报告书和动物防疫条件合格证（见图2-3）等。

图2-3　动物防疫条件合格证

　　如今畜禽养殖的环保压力巨大，全国各地都划定了禁养区和限养区，选一块合适的养鹌鹑地并不容易。如据攀枝花市东区政府网站政务公开的信息，攀枝花村某鹌鹑养殖场，存栏鹌鹑12万羽，因其位于禁养区内且粪污处理设施不达标，2017年7月银江镇成立工作组，启动了该养殖场的取缔工作，限期养殖场业主自行清理存栏鹌鹑并治理周边环境。因此。在家庭农场养殖用地上要做到以下三点：

1. 场地面积与养鹌鹑规模相配套

规模化养鹌鹑需要占用的养殖场地较大，在建场规划时要本着既要满足当前养殖用地的需要，同时还要为以后的发展留有可拓展的空间的原则。

如果实行种养结合模式养鹌鹑，除了以上所需占地面积外，还需要饲料、饲草种植用地。饲草饲料用地面积要根据饲养鹌鹑的数量和饲草饲料地的亩产量综合确定。在资金条件允许的情况下，要尽可能多地增加养殖和种植面积。

2. 自然资源合理

为了减少养殖成本，家庭农场要采取以利用当地自然资源为主的策略。自然资源主要是指当地产饲料的主要原料如玉米、小麦、豆粕等，尽量避免主要原料经过长途运输，以免增加饲料成本，从而增加养鹌鹑成本。尤其是实行休闲观光的家庭农场，对当地自然资源的依赖程度更高，可以说，所在地如果没有可利用的自然资源，就不能投资兴办。

3. 可长期使用

投资兴办者一定要在所有用地手续齐全后方可动工兴建，以保证鹌鹑场长期稳定地运行，切不可轻率上马。否则，鹌鹑场的发展将面临诸多麻烦事。

　　家庭农场在投资兴办前要做好养鹌鹑场用地的规划、考察和确权工作。为了减少土地纠纷，鹌鹑场要与土地的所有者、承包者当面确认所属地块边界，查看农村土地承包经营权证（见图2-4）、林权证（见图2-5）等，与所在地村民委员会、乡镇土地管理所、林业站等有关土地、林地主管部门和组织确认手续的合法性，在权属明晰、合法有效的前提下，提前办理好土地和林地租赁、土地流转等一切手续，保证鹌鹑场建设的顺利进行。

图2-4　农村土地承包经营权证　　图2-5　林权证

（六）饲养技术保障

　　养鹌鹑是一门技术，是一门学问。科学技术是第一生产力。想要养得好，靠养鹌鹑发家致富，不掌握养殖技术，没有丰富的养殖经验是断然不行的。可以说养殖技术是养鹌鹑成功的保障。

1. 掌握技术的必要性

工欲善其事，必先利其器。干什么事情都需要掌握一定的方法和技术，掌握技术可以提高工作效率，使我们少走弯路或者不走弯路，养鹌鹑也是如此。

养鹌鹑需要很多专业的技术，绝不是盖个鹌鹑舍、喂点饲料、给点水，保证鹌鹑不风吹雨淋、饿不着、渴不着那么简单。

2. 需要掌握的技术

鹌鹑的养殖需要掌握的技术很多，如建场规划选址、鹌鹑舍及附属设施设计建设、选种技术、配种技术、孵化技术、育雏技术、温度调控技术、湿度调控技术、光照控制技术、饲料加工配制技术、饲喂技术、疾病防治技术、废弃物无害化处理技术、饲料原料种植技术等，这些技术都需要饲养管理人员掌握和在生产中熟练运用。

3. 技术的来源

一是聘用懂技术会管理的专业人员。很多家庭农场的投资人都是养鹌鹑的外行，对如何养鹌鹑一知半解，如果单纯依靠自己的能力很难胜任家庭农场的管理工作，需要借助外力来实现鹌鹑场的高效管理。因此，雇用懂技术会管理的专业人才是首选，雇用的人员要求最好是畜牧兽医专业毕业的，有丰富的规模化鹌鹑场实际管理经验，吃苦耐劳，以场为家，具有奉献精神。

二是聘请有关科技人员做顾问。如果不能聘用到合适的专业技术人员，同时本场的饲养员有一定的饲养经验和执行力，可以聘请农业院校、科研院所、各级兽医防疫部门有权威的专家做顾问，请他们定期进场查找问题、指导生产、解决生产难题等。

三是使用免费资源。如今各大饲料公司和兽药生产企业都有负责售后技术服务的人员，这些人员中有很多人的养殖技术比较全面，特别是疾病的治疗技术较好，遇到弄不懂或不明白的问题可以及时向这些人请教。可以同他们建立联系，遇到问题及时通过电话、电子邮件、微信、登门等方式向他们求教。必要的时候可以请他们来场现场指导，请他们做示范，同时给全场的养殖人员上课，传授饲养管理方面的知识。

四是技术培训。技术培训的方式很多，如建立学习制度，购买养鹌鹑方面的书籍。养鹌鹑方面的书籍很多，可以根据本场员工的技术水平，选择相应的养鹌鹑技术书籍来学习。采用互联网学习和交流也是技术培训的好方法。互联网的普及极大地方便了人们获取信息和知识，人们可以通过网络方便地进行学习和交流，及时掌握养鹌鹑动态。互联网上涉及养鹌鹑内容的网站很多，养鹌鹑方面的新闻发布得也比较及时。但涉及养殖知识的原创内容不是很多，多数都是摘录或转载报纸和刊物的内容，重复率很高，学习时可以选择中国畜牧业协会、中国畜牧兽医学会等权威机构或学会的网站。还可以让技术人员多参加有关的知识讲座和有关会议，扩大视野，交流养殖心得，掌握前沿的养殖方法和经营管理理念。

小贴士：

很多养过鹌鹑的人都有这样的经历，那就是在没有养殖鹌鹑前，都认为鹌鹑好养，不需要啥技术。可是，一旦养上鹌鹑以后，各种问题接踵而至。如某人第一批进了15000只鹌鹑，遭遇禽流感，一晚上死了8000多只。福无双至，祸不单行。第二批、第三批，二氧化碳中毒，"全军覆没"。最后向农业大学动物病理学专家求助，才找出了病因，开出了药方。

养殖鹌鹑对技术需求一点也不低。由于鹌鹑体型较小，其抵抗各种外界风险的能力极差，尤其是饲养管理方面不到位的情况下最容易造成大损失。因为技术不过关，很多时候出问题了养殖户还不知道，等到问题严重时才反应过来。

（七）人员分工

家庭农场是以家庭成员为主要劳动力，这就决定了家庭农场的所有养鹌鹑工作都要以家庭成员为主来完成。通常家庭成员有三个人，即父母和一名子女，家庭农场养鹌鹑要根据家庭成员的个人特点进行科学合理的分工。

一般父母的文化水平较子女低，接受新技术能力也相对较弱，但他们平时家里多饲养一些鸡、鸭、鹅、猪等，已经习惯了畜禽养殖和农活，只要不是特别反感的话，一般对畜禽饲养都积累了一些经验，有责任心，对鹌鹑有爱心和耐心，可承担养鹌鹑场的体力工作及饲养工作。子女一般都受过初中以上教育，有的还受过中等以上职业教育，文化水平较高，接受能力强，对外界了解较多，可承担鹌鹑场的技术工作。但子女有年轻浮躁、耐力不足，特别对脏、苦、累的养殖工作不感兴趣的问题，需要家长加以引导。

鹌鹑场的工作分工为：父亲负责饲料保障，包括饲料的采购运输和饲料加工、粪污处理、对外联络等；母亲负责育雏和孵化工作，还可以承担鹌鹑舍环境控制等；子女负责技术工作，包括饲喂、消毒、防疫、电脑操作和网络销售等。

对规模较大的养鹌鹑家庭农场，仅依靠家庭成员已经完成不了所有工作的，那么在哪一方面工作任务重，就雇用哪一方面的人，来协助家庭成员完成养鹌鹑工作。如雇用一名饲养员或者技术员。也可以将饲料保障、防疫、配种、粪污处理等工作交由专业公司去做，让家庭成员把主要精力放在饲养管理和鹌鹑场经营上。

（八）满足环保要求

养殖场涉及的环保问题，主要是鹌鹑粪污是否对鹌鹑场周围环境造成影响的问题。随着养殖总量不断上升，环境承载压力增大，畜禽养殖污染问题日益凸显。目前全国畜禽粪污年产生量约 38 亿吨——相当于每生产 1 千克肉类，就会产生 44 千克的畜禽粪污。这是农业面源污染的主要来源。为此，2014 年 1 月 1 日起施行的国家第一部专门针对畜禽养殖污染防治的法规性文件——《畜禽规模养殖污染防治条例》（简称《条例》），明确畜牧业发展规划应当统筹考虑环境承载能力以及畜禽养殖污染防治要求，合理布局，科学确定畜禽养殖的品种、规模、总量。《条例》明确了禁养区划分标准、适用对象（畜禽养殖场、养殖小区）、激励和处罚办法。2015 年 1 月 1 日起施行的新《环境保护法》明确畜禽养殖场、养殖小区、定点屠宰企业等的选址、建设和管理应当符合有关法律法规规定。2015 年 4 月，国务院发布《水十条》，明确要求，要科学划定畜禽养殖禁养区。2017 年底前，依法关闭或搬迁禁养区内的畜禽养殖场（小区）和养殖专业户，京津冀、长三角、珠三角等区域提前一年完成。2015 年 8 月，农业部发文，要求各级畜牧兽医行政主管部门要积极配合环保部门做好禁养区划定工作，及时报送禁养区划定情况。2016 年 5 月，国务院发布"土十条"，要求合理确定畜禽养殖布局和规模，强化畜禽养殖污染防治。2016 年 11 月，环保部、农业部发布《畜禽养殖禁养区划定技术指南》，作为后期全国各地划定禁养区的依据。文件要求禁养区划定完成后，地方环保、农牧部门要按照地方政府统一部署，积极配合有关部门，协助做好禁养区内确需关闭或搬迁的已有养殖场关闭或搬迁工作。2016 年 12 月，国务院印发《"十三五"生态环境保护规划》，要求 2017 年底前，各地区依法关闭或搬迁禁养区内的畜禽养殖场（小区）和养殖专业户。

家庭农场在环境保护方面，要按照畜禽养殖有关环保方面的规定，进行选址、规划、建设和生产运行，做到鹌鹑场的生产不对周围环境造成污染，同时也不受到周围环境污染的侵害和威胁。只有做到这样，鹌鹑场才能够得以建设和长期发展，而不符合环保要求的鹌鹑场是没有生存空间的。

1. 选址要符合环保要求

规模化养鹌鹑环保问题是建场规划时首先要解决好的问题。鹌鹑场选址要符合所在地区畜牧业发展规划、畜禽养殖污染防治规划，满足动物防疫条件，并进行环境影响评价。《畜禽规模养殖污染防治条例》第十一条规定：禁止在饮用水水源保护区，风景名胜区；自然保护区的核心区和缓冲区；城镇居民区、文化教育科学研究区等人口集中区域；法律、法规规定的其他禁止养殖区域等区域内建设畜禽养殖场、养殖小区。第十二条规定：新建、改建、扩建畜禽养殖场、养殖小区，应当符合畜牧业发展规划、畜禽养殖污染防治规划，满足动物防疫条件，并进行环境影响评价。对环境可能造成重大影响的大型畜禽养殖场、养殖小区，应当编制环境影响报告书；其他畜禽养殖场、养殖小区应当填报环境影响登记表。大型畜禽养殖场、养殖小区的管理目录，由国务院环境保护主管部门商国务院农牧主管部门确定。除了以上的规定，考虑到以后鹌鹑场的发展，还要尽可能地避开限养区。

2. 完善配套的环保设施

选址完成后，鹌鹑场还要设计好生产工艺流程，确定适合本场的粪污处理模式。目前，规模化养鹌鹑粪污处理的模式主要有"三分离一净化"、生产有机肥料、沼气工程和"种养结合、农牧循环"等四种模式。

"三分离一净化"模式。"三分离"即"雨污分离、干湿分离、固液分离"，"一净化"即"污水生物净化、达标排放"。一是在畜禽舍与贮粪池之间设置排污管道排放污液，畜禽舍四周设置明沟排放雨水，实行"雨污分离"；二是鹌鹑粪清理至舍外干粪贮粪池，实行"干湿分离"，然后再集中收集到防渗、防漏、防溢、防雨的贮粪场，或堆积发酵后直接用于农田施肥，或出售给有机肥厂；三是使用固液分离机和格栅、筛网等机械、物理的方法，实行"固液分离"，减轻污水处理压力；四是污水通过沉淀、过滤，将有形物质再次分离，然后通过污水处理设备，进行高效生化处理，尾水再进入生态塘净化后，达标排放。这种模式是控制粪污总量，实现粪污"减量化"最有效、最经济的方法，适用于中小规模养殖户。

生产有机肥料模式。好氧堆肥发酵是目前利用畜禽粪便生产有机肥的主要模式。畜禽粪便进入加工车间后，根据其含水率适当加入谷糠、碎农作物秸秆、干粪等有机物调节水分和碳氮比，增加通气性，接入专用微生物菌种和酶制剂，以促进发酵过程正常进行。并配备专用设备，进行均质、发酵、翻抛、干燥。对大型养殖场可自建有机肥厂，对养殖户数多、规模小、消纳地紧张的畜禽高密度养殖区，可建专门有机肥厂，将粪污统一收集、集中处理。

"种养结合、农牧循环"模式。即将畜禽粪便作为有机肥施于农田，生长的农作物产品及副产品作为畜禽饲料。这种"种养结合、农牧循环"模式，有利于种植业与养殖业有机结合，是实行畜禽粪便"资源化、生态化"利用的最佳模式。养殖场根据粪污产生情况，在周边签订配套农田，实现畜禽养殖与农田种植直接对接。一是粪污直接还田。将畜禽粪污收集于贮粪池中堆沤发酵，于施肥季节作有机肥施于农田。二是"畜—沼—种"种养循环。通过沼气工程对粪污进行厌氧发酵，沼气作能源用于照明、发电，沼渣用于生产有机肥，沼液用于农田施肥。

如四川泸州市纳溪区的小王，自养殖鹌鹑开始，就考虑如何处理鹌鹑粪。他所在的村是川南最大的枇杷种植基地，该村的生态枇杷种植需要大量农家有机肥料。在养殖初期，小王就与本村枇杷合作社达成了协议，鹌鹑粪便全部提供给合作社，经过沼气池发酵处理后种枇杷，每 50 千克 2 元。他的近 10 万只鹌鹑产的粪便每天都在 2500 千克左右，这样一月下来，小王卖鹌鹑粪便就可收入 3000 余元。

家庭农场根据本场实际情况选择适合于本场的粪污处理模式后，再根据所选择模式的要求，设计和建设与生产能力相配套、相适应的粪污无害化处理设施。当然，如果家庭农场所在地有专门从事畜禽粪便处置的处理中心，也可将本场的畜禽粪便和（或）粪水交由处理中心实行专业化收集和运输，进行集中处理和综合利用。

专家认为，基于我国畜禽养殖小规模、大群体与工厂化养殖并存的特点，坚持能源化利用和肥料化利用相结合，以肥料化利用为基础、能源化利用为补充，同步推进畜禽养殖废弃物资源化利用，是解决畜禽养殖污染问题的根本途径。

总之，家庭农场要按照《畜禽规模养殖污染防治条例》《环境保护法》《水十条》等法规的要求，在鹌鹑场建设时严格执行环保"三同时"制度（防治环境污染和生态破坏的设施，必须与主体工程同时设计、同时施工、同时投产使用的制度，简称"三同时"制度）。

3. 保障环保设施良好运行的机制

鹌鹑场在生产中要保障粪污处理设施的良好运行，除了制定严格的生产制度和落实责任制外，还要在兽药和饲料及饲料添加剂的使用上做好工作。如在生产过程中不滥用兽药和添加剂，有效控制微量元素添加剂的使用量，严格禁止使用对人体有害的兽药和添加剂，提倡使用益生素、酶制剂、天然中草药等。严格执行兽药和添加剂停药期的规定。使用高效、低毒、广谱的消毒药物，尽可能少用或不用对环境易造成污染的消毒药物，如强酸、强碱等。

小贴士：

当鹌鹑的养殖达到一定规模时，鹌鹑粪便的处理和利用便日益显得重要。家庭农场在决定养殖鹌鹑前一定要做好这方面的准备工作。目前，规模化养鹌鹑的粪污处理总的要求是要做到无害化处理和资源化利用。

二、家庭农场的认定与登记

目前，我国家庭农场的认定与登记尚没有统一的标准，均是按照《农业部关于促进家庭农场发展的指导意见》（农经发〔2014〕1号）的要求，由各省、自治区、直辖市及所属地区自行出台相应的登记管理办法。因此，兴办家庭农场前，要充分了解所在地区的家庭农场认定条件。家庭农场资格认定证书如图2-6。

图2-6　家庭农场资格认定证书

（一）认定条件

申请家庭农场认定，各地区对具备条件的要求大体相同，如必须是农民户籍、以家庭成员为主要劳动力、依法获得的土地、适度规模、生产经营活动有完整的财务收支核算等条件。但是，因各地地域条件及经济发展状况的差异，认定的条件也略有不同，家庭农场在申请认定前要向当地有关部门咨询。

（二）认定程序

各地对家庭农场认定的一般程序基本一致，经过申报、初审、审核、评审、公示、颁证和备案等七个步骤（见图2-7）。

图2-7　家庭农场认定程序示意

1. 申报

农户向所在乡镇人民政府（街道办事处）提出家庭农场认定申请，并提供以下材料原件和复印件。

（1）认定申请书

附：家庭农场认定申请书（仅供参考）

申　请

县农业农村局：

我叫×××，家住××镇××村×组，家有×口人，有劳动能力×人，全家人一直以生鹌鹑养殖为主，取得了很可观的经济收入。同时也掌握了科学养鹌鹑的技术和积累了丰富的鹌鹑场经营管理经验。

我本人现有鹌鹑舍×栋，面积×××平方米，年饲养产蛋鹌鹑20000只。鹌鹑场用地×××亩（其中自有承包村集体土地××亩，流转期限在10年的土地××亩），具有正规合法的农村土地承包经营权证和《农村土地承包经营权流转合同》等经营土地证明。用于种植的土地相对集中连片，土壤肥沃，适合种植有机饲料原料，生产的有机饲料原料可满足本场有机鹌鹑蛋的生产需要。因此我决定申办养鹌鹑家庭农场，扩大生产规模，并对周边其他养鹌鹑户起示范带动作用。

此致

敬礼

申请人：××

20××年××月××日

（2）申请人身份证

（3）农户基本情况（从业人员情况、生产类别、规模、技术装备、经营情况等）

附：家庭农场认定申请表（仅供参考）

家庭农场认定申请表

填报日期：　　年　　月　　日

申请人姓名		详细地址			
性别		身份证号码		年龄	
籍贯		学历/技能/特长			
家庭从业人数		联系电话			
生产规模		其中连片面积			
年产值		纯收入			
产业类型		主要产品			
基本经营情况					

村（居）民 委员会意见		乡镇（街道） 审核意见	
县级农业行政主 管部门评审意见			
备案情况			

（4）《土地承包合同》、《土地流转合同》或承包经营权证书等证明材料

附：土地流转合同范本

土地流转合同范本

甲方（流出方）：＿＿＿＿＿＿＿

乙方（流入方）：＿＿＿＿＿＿＿

双方同意对甲方享有承包经营权、使用权的土地在有效期限内进行流转，根据《中华人民共和国合同法》《中华人民共和国农村土地承包法》《农村土地承包经营权流转管理办法》及其他有关法律法规的规定，本着公正、平等、自愿、互利、有偿的原则，经充分协商，订立本合同。

一、流转标的

甲方同意将其承包经营的位于＿＿＿＿＿＿县（市）＿＿＿＿＿乡（镇）＿＿＿＿＿村＿＿＿组＿＿＿亩土地的承包经营权流转给乙方从事＿＿＿＿＿＿＿＿＿生产经营。

二、流转土地方式、用途

甲方采用以下土地转包、出租的方式将其承包经营的土地流转给乙方经营。

乙方不得改变流转土地用途，用于非农生产，合同双方约定＿＿＿＿＿＿＿＿＿。

三、土地承包经营权流转的期限和起止日期

双方约定土地承包经营权流转期限为＿＿年，从＿＿＿年＿＿月＿＿日起，至＿＿＿＿年＿＿＿月＿＿＿日止，期限不得超过承包土地的期限。

四、流转土地的种类、面积、等级、位置

甲方将承包的耕地＿＿＿＿＿亩流转给乙方，该土地位于＿＿＿＿＿＿

_____。

五、流转价款、补偿费用及支付方式、时间

合同双方约定，土地流转费用以现金（实物）支付。乙方同意每年
____ 月 ____ 日前分 ____ 次，按 ____ 元／亩或实物 ____ 千克／亩，
合计 _____ 元流转价款支付给甲方。

六、土地交付、交回的时间与方式

甲方应于 _____ 年 ____ 月 ____ 日前将流转土地交付乙方。
乙方应于 _____ 年 ____ 月 ____ 日前将流转土地交回甲方。

交付、交回方式为 _____。并由双方指定的第三人
_____ 予以监证。

七、甲方的权利和义务

（一）按照合同规定收取土地流转费和补偿费用，按照合同约定的
期限交付、收回流转的土地。

（二）协助和督促乙方按合同行使土地经营权，合理、环保、正常
使用土地，协助解决该土地在使用中产生的用水、用电、道路、边界及
其他方面的纠纷，不得干预乙方正常的生产经营活动。

（三）不得将该土地在合同规定的期限内再流转。

八、乙方的权利和义务

（一）按合同约定流转的土地具有在国家法律、法规和政策允许范
围内，从事生产经营活动的自主生产经营权，经营决策权，产品收益、
处置权。

（二）按照合同规定按时足额交纳土地流转费用及补偿费用，不得
擅自改变流转土地用途，不得使其荒芜，不得对土地、水源进行毁灭性、
破坏性、伤害性的操作和生产。履约期间不能依法保护，造成损失的，
乙方自行承担责任。

（三）未经甲方同意或终止合同，土地不得擅自流转。

九、合同的变更和解除

有下列情况之一者，本合同可以变更或解除。

（一）经当事人双方协商一致，又不损害国家、集体和个人利益的；

（二）订立合同所依据的国家政策发生重大调整和变化的；

（三）一方违约，使合同无法履行的；

（四）乙方丧失经营能力使合同不能履行的；

（五）因不可抗力使合同无法履行的。

十、违约责任

（一）甲方不按合同规定时间向乙方交付流转土地，或不完全交付流转土地，应向乙方支付违约金 _____ 元。

（二）甲方违约干预乙方生产经营，擅自变更或解除合同，给乙方造成损失的，由甲方承担赔偿责任，应支付乙方赔偿金 _____ 元。

（三）乙方不按合同规定时间向甲方交回流转土地或不完全交回流转土地，应向甲方支付违约金 _____ 元。

（四）乙方违背合同规定，给甲方造成损失的，由乙方承担赔偿责任，向甲方偿付赔偿金 _____ 元。

（五）乙方有下列情况之一者，甲方有权收回土地经营权。

1. 不按合同规定用途使用土地的；

2. 对土地、水源进行毁灭性、破坏性、伤害性的操作和生产，荒芜土地的，破坏地上附着物的；

3. 不按时交纳土地流转费的。

十一、特别约定

（一）本合同在土地流转过程中，如遇国家征用或农业基础设施使用该土地时，双方应无条件服从，并约定按以下第 _____ 种方式获取国家征用土地补偿费和地上种苗、构筑物补偿费。

1. 甲方收取；

2. 乙方收取；

3. 双方各自收取 _____ %；

4. 甲方收取土地补偿费，乙方收取地上种苗、构筑物补偿费。

（二）本合同履约期间，不因集体经济组织的分立、合并，负责人变更，双方法定代表人变更而变更或解除。

（三）本合同终止，原土地上新建附着构筑物，双方同意按以下第 _____ 种方式处理。

1. 归甲方所有，甲方不作补偿；

2. 归甲方所有，甲方合理补偿乙方 _____ 元；

3. 由乙方按时拆除，恢复原貌，甲方不作补偿。

（四）国家征用土地，乡（镇）土地流转管理部门、村集体经济组织、村委会收回原土地重新分配使用，本合同终止。土地收回重新分配给甲方或新承包经营人使用后，乙方应重新签订土地流转合同。

十二、争议的解决方式

在履行本合同过程中发生的争议，由双方协商解决，也可由辖区的市场监督管理部门调解；协商或调解不成的，按下列第 _____ 种方式解决。

（一）提交仲裁委员会仲裁；

（二）依法向 _____ 人民法院起诉。

十三、其他约定

本合同一式四份，甲方、乙方各一份，乡（镇）土地流转管理部门、村集体经济组织或村委会（原发包人）各一份，自双方签字或盖章之日起生效。

如果是转让土地合同，应以原发包人同意之日起生效。

本合同未尽事宜，由双方共同协商，达成一致意见，形成书面补充协议。补充协议与本合同具有同等法律效力。

双方约定的其他事项 _____。

甲方：

乙方：

　　年　月　日

（5）从事养殖业的须提供动物防疫条件合格证

（6）其他有关证明材料

2. 初审

乡镇人民政府（街道办事处）负责初审有关凭证材料原件与复印件的真实性，签署意见，报送县级农业行政主管部门。

3. 审核

县级农业行政主管部门负责对申报材料的真实性进行审核，并组织人员进行实地考察，形成审核意见。

4. 评审

县级农业行政主管部门组织评审，按照认定条件，进行审查，综合评价，提出认定意见。

5. 公示

经认定的家庭农场，在县级农业信息网等公开媒体上进行公示，公示期不少于 7 天。

6. 颁证

公示期满后，如无异议，由县级农业行政主管部门发文公布名单，并颁发证书（见图 2-6）。

7. 备案

县级农业行政主管部门对认定的家庭农场申请、考察、审核等资料存档备查。由农民专业合作社审核申报的家庭农场要到乡镇人民政府（街道办事处）备案。

（三）注册

申办家庭农场应当依法注册登记，领取营业执照，取得市场主体资格。市场监督管理部门是家庭农场的登记机关，按照登记权限分工，负责本辖区内家庭农场的注册登记。

① 家庭农场可以根据生产规模和经营需要，申请设立为个体工商户、个人独资企业、普通合伙企业或者公司。

② 家庭农场申请工商登记的，其企业名称中可以使用"家庭农场"字样。以公司形式设立的家庭农场的名称依次由行政

区划＋商号＋"家庭农场"＋"有限公司（或股份有限公司）"字样四个部分组成。以其他形式设立的家庭农场的名称依次由行政区划＋商号＋"家庭农场"字样三个部分组成。其中，普通合伙企业应当在名称后标注"普通合伙"字样。

③ 家庭农场的经营范围应当根据其申请核定为"××（农作物名称）的种植、销售；××（家畜、禽或水产品）的养殖、销售；种植、养殖技术服务"。

④ 法律、行政法规或者国务院决定规定属于企业登记前置审批项目的，应当向登记机关提交有关许可证件。

⑤ 家庭农场申请工商登记的，应当根据其申请的主体类型向市场监督管理部门提交国家市场监督管理总局规定的申请材料。

⑥ 家庭农场无法提交住所或者经营场所使用证明的，可以持乡镇、村委会出具的同意在该场所从事经营活动的相关证明办理注册登记。

第三章

鹌鹑场建设与环境控制

一、场址选择

选择一个合适的地方建设鹌鹑场，是家庭农场养鹌鹑的基础工作。场地的选择既要符合国家的相关规定，又要满足养鹌鹑生产的需要；既要满足家庭农场一段时期内养鹌鹑的需要，又要为以后的发展留有空间（见视频3-1）。

视频 3-1 鹌鹑养殖场选址要求

（一）场址应位于法律、法规明确规定的禁养区以外

鹌鹑场禁止在旅游区、自然保护区、水源保护区和环境公害污染严重的地区建场。这是硬性条件，谁都不能违反。另外，要了解所选地块是否符合这条要求，除了现场实地勘察以外，还必须到政府的规划和生态环境部门咨询，得到权威答复后方可动工兴建。

鹌鹑的神经敏感，对刺激的反应强烈，十分容易受到惊

吓。因此，饲养鹌鹑的场地要远离公路、工地、厂区等有噪声产生的地方。场址距离生活饮用水源地，居民区，畜禽屠宰加工、交易场所和主要交通干线 500 米以上，其他畜禽养殖场 1000 米以上。最好有湖泊、山或密林作为天然相隔带。

（二）地势高燥，通风良好

地势应高燥，地下水位应在 2 米以下，切忌选择低洼潮湿场地。地势高，这样不易受洪水威胁，还可以保持鹌鹑舍内地面干燥，雨季也容易排走积水，减少疾病的发生和流行。

地势应避风向阳，有利于通风。鹌鹑场不宜建于山坳和谷地，以防在鹌鹑场上空形成空气涡流，造成夏季不通风，非常炎热；另外污浊空气排不走，常年空气质量恶劣，不利于鹌鹑生长和生产管理。

地形要开阔整齐，地面应平坦或稍有缓坡，以利排水排污。场地平坦，开阔整齐，便于施工。一般坡度在 1%～3% 为宜，最大不超过 25%。

土质要求上，土壤透气透水性强、吸湿性小、导热性弱，质地均匀，抗压性强，且未受病原微生物的污染。沙土透气透水性强，吸湿性小，但导热性强，易增温和降温，对鹌鹑不利；黏土透气透水性弱，吸湿性大，导热性弱，但抗压性弱不利于建筑物的稳固；沙壤土兼具沙土和黏土的优点，是理想的建场土壤，但不必苛求。场址应位于居民区常年主导风向的下风向或侧风向。

（三）交通便利

鹌鹑场场址交通便利与鹌鹑场防疫是个相互矛盾的问题，一方面鹌鹑场需要运输饲料，出售种鹌鹑、肉鹌鹑、鹌鹑蛋，还有鹌鹑粪需要外运处理，可见交通便利对鹌鹑场非常重要。尤其是北方的冬季，大雪封路，如果道路不便，对鹌鹑场正常生产的影响可想而知。另一方面从生物安全、饲养管理和环境保护要求的角度来看，鹌鹑场与周边又要有一定的防疫隔离距离，同时还不能因为鹌鹑场的存在而影响周边居民单位的正常生活，这些对鹌鹑场的生存同样重要。

选择场址时这些方面都要给予充分的考虑。不能太靠近主要交通干道，如果有通往交通干道的现成道路，可以在场区通往主干道之间修整利用现有的旧路或自辟新路。还要考虑到道路要具有一定强度和宽度，能够保证大型拖拉机和卡车全年通行，以确保饲料的分送和鹌鹑产品的运输等。

（四）水质达标，供应稳定

水源水量必须能满足场内养殖人员生活用水、鹌鹑饮用及饲养管理用水（如清洗调制饲料，冲洗鹌鹑舍，清洗机具、用具等）的要求。鹌鹑场的用水量较大，特别是现代化、规模化程度较高的鹌鹑场。如果水源不足或水质不达标准，将会严重影响鹌鹑场的正常生产和生活。

在场址上开始建设之前，应先建立自己的水源。如果没有自来水，新的场址第一步应先打一眼井。所打的井要有一定的深度，无流速慢、泥沙或其他问题，必须能获取优质水。水质十分重要，要符合《无公害食品 畜禽饮用水水质》（NY 5027—2008）要求。水中的细菌是否超标，水含氟、砷等各种矿物质离子是否过高，人是否可以饮用等都要事先了解清楚。如水中的固体物质含量在 150 毫克左右是理想的，低于 5000 毫克对幼畜无害，超过 7000 毫克可致腹泻，高过 10000 毫克就不能用。所以在建鹌鹑场之前最好到有关机构检测该场地的地下水水量及水质是否达标。

如果所选场址的水源不能满足整个鹌鹑场的要求，只有另选场址一条路可走，不能指望从外边拉水吃来解决供水的问题。

（五）电力供应充足

电力供应对鹌鹑场也很重要，规模化鹌鹑场的饲料加工、鹌鹑舍照明、育雏、人员生活等都离不开电，选址时必须保证可靠的电力供应。变压器的容量及距离场区的距离都要计算是否能够满足鹌鹑场的需要，使用电机进行饲料加工、孵化和粪便加工处理，首先要考虑到电源的可能性。

鹌鹑场应距供电源头近一些，这样可以节省输电成本开支。供电要求电压稳定，少停电。鹌鹑生性胆小，如果夜间突然停电，会造成鹌鹑乱飞乱撞，引起鹌鹑严重应激和死亡。如果当地电网不能稳定供电，特别是远离市区的地方或农村，电力意外中断时有发生，通常抢修也不及时，自己孵化鹌鹑的鹌鹑场应自备相应的发电机组，以防止因突然断电而造成不必要的损失。

（六）粪污处理科学合理

粪便及污水的处理是鹌鹑场最难解决的问题，因此场地里要确立污水处理场所的位置。一般污水处理区设计在鹌鹑场地形和风向下游，有利于自然排污和保证鹌鹑场生产区和生活区减少臭味。同时，在选址时，鹌鹑场周围最好有大片农田、果园或菜地。这样鹌鹑场产生的粪水经过适当的处理后，可灌溉到农田里，既有利于粪水的处理又促进了当地农业的生产。

在鹌鹑粪加工方面，有很多好的做法，如发酵和烘干成有机肥料和生产饲料等，值得家庭农场借鉴和学习。

（七）场地面积满足需要

根据地势地形的不同，鹌鹑场所需的面积也会有所不同。根据养殖实践，一般每只鹌鹑需要 0.1 平方米的生长空间，1 万只鹌鹑所需面积在 1000 平方米左右。肉用鹌鹑可适当减少，可以 4 只 0.1 平方米，1 万只鹌鹑所需面积在 250 平方米左右。

要把生产、管理和生活区都考虑进去，根据实际情况计算所需占地面积。同时在规划阶段就应考虑到将来扩建的可能性，要留有一定的余地，为将来的扩建预备出充足的空间。如蓄粪池、饲料贮存仓和鹌鹑的装车区必须沿主舍两侧而建（不能建在末端），以便将来扩建。不留余地的规划将导致只能重新选址的不利处境。

👤 小贴士：

　　鹌鹑场一旦建成位置将不可更改，如果位置非常糟糕，几乎不可能维持鹌鹑群的长期健康。可以说，场址选择的好坏，直接影响着鹌鹑场将来生产和鹌鹑场的经济效益。因此，鹌鹑场选址应根据鹌鹑场的性质、规模、地形、地势、水源，当地气候条件及能源供应、交通运输、产品销售，与周围工厂、居民点及其他畜禽场的距离，当地农业生产、鹌鹑场粪污消纳能力等条件，进行全面调查、周密计划，综合分析后才能确定。

二、场区规划

（一）功能分区

　　鹌鹑养殖场应按照各生产环节的需要划分功能区，并且各单元或区域要实行严格的隔离封锁，以便发生疾病时能够紧急处理，达到隔离的目的。通常鹌鹑场划分为生活管理区、辅助生产区、生产区和隔离区等四个功能区（见图3-1）。

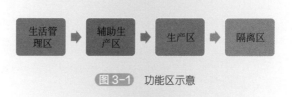

图3-1 功能区示意

生活管理区主要包括办公接待室、技术室、食堂、宿舍、门卫以及围墙和大门，外来人员第一次更衣消毒室和车辆消毒设施等。生活管理区应在靠近场区大门内侧集中布置。

辅助生产区主要包括供水、供电、供热、维修、仓库等设施，这些设施要紧靠生产区布置，与生活管理区没有严格的界限要求。对于饲料仓库，则要求仓库的卸料口开在辅助生产区内，仓库的取料口开在生产区内，杜绝外来车辆进入生产区，保证生产区内外运料车互补交叉使用。

生产区主要包括不同类型的鹌鹑舍（雏鹌鹑、成年鹌鹑要分开饲养）及鹌鹑蛋库、孵化出雏间、装鹌鹑台等鹌鹑场与外界有直接物流关联的生产性建筑。

隔离区内主要是兽医室、引进种鹌鹑隔离舍、病死鹌鹑尸体处理设施、粪便和污水储存与处理设施。隔离区应处于全场常年主导风向的下风处和全场场区最低处，并应与生产区之间设置适当的卫生间距和绿化隔离带。隔离区内的粪便污水处理设施也应与其他设施保持适当的卫生间距。隔离区内的粪便污水处理设施与生产区有专用道路，与场区外有专用大门和道路。

生活管理区和辅助生产区应位于场区常年主导风向的上风处或地势较高处，隔离区位于场区常年主导风向的下风处或地势较低处，并与生产区相距50米以上。

鹌鹑场周围应设围墙和绿化隔离带，可有效地改进鹌鹑舍及周边的饲养小气候。一般在鹌鹑舍北面种植常绿树种，南面种植高大落叶树种效果较好。

（二）分区规划布置要求

① 鹌鹑舍按生产工艺流程顺序排列布置（见图3-2），如按照种鹌鹑舍、蛋鹌鹑舍、鹌鹑蛋库、孵化出雏间、育雏舍、育成舍等排列。朝向、间距必须满足自然通风、采光、防火和排出舍内污秽空气的要求，朝向一般应以其长轴南向或南偏东、西40°以内为宜。

② 邻栋间距根据鹌鹑舍的形式确定：平行排列的各舍间距8～12米为宜，相邻两栋舍的端墙之间距离不小于15米。采用纵向通风时，各舍之间的间距可以减小，甚至可以为零。

③ 生产区内与场外运输、物品交流较为频繁的有关设施，如蛋库、孵化出雏间、装鹌鹑台等，必须布置在靠近场外道路的地方。

④ 生产区与生活管理区和辅助生产区应设置围墙或树篱，严格分开，在生产区入口处设置第二次更衣消毒室和车辆消毒设施。这些设施的入口开在生活管理区内，出口开在生产区内。

图 3-2 鹌鹑舍建设

⑤ 场区内应分设净道和污道，净道专门用于运输饲料和产品（蛋、肉鹑等），污道专门用于运送粪便、尸体和垃圾。净道和污道不能交叉。

小贴士：

　　鹌鹑场建设可分期进行，但总体规划设计要一次完成。切忌边建设边设计边生产，导致布局零乱，特别是如果附属设施资源各生产区不能共享，不仅造成浪费，还给生产管理带来麻烦。鹌鹑场规划设计涉及气候环境，地质土壤，鹌鹑的生物学特性、生理习性，建筑知识等各个方面，要多参考借鉴正在运行的鹌鹑场的成功经验，请教经验丰富的实战专家，或请专业设计团队来设计，确保一次成功，少走弯路，不花冤枉钱。

三、鹌鹑舍建筑与设施配置

（一）鹌鹑舍的基本要求

鹌鹑舍总的要求是保温绝热性能好，达到冬暖夏凉，舍内通风和采光良好，保持舍内干燥。在建设鹌鹑舍时应充分考虑养鹌鹑生产工艺流程的需要，做到操作方便，降低劳动生产强度，提高管理定额，充分提供劳动安全和劳动保护条件，便于实行科学的饲养管理。

1. 样式规格

鹌鹑舍依据其舍内环境是否受外界环境的变化影响分为密闭式（见图3-3和视频3-2、视频3-3）、开放式和半开放式三种，采用密闭式鹌鹑舍的较多。密闭式鹌鹑舍内部环境全部依靠人工控制，开放式和半开放式鹌鹑舍的环境调控采取自然条件和人工辅助控制相结合的方式。鹌鹑舍屋顶有拱形顶、人字梁顶和楼房式等。鹌鹑舍建筑宜采用双坡式房舍，常见的鹌鹑舍跨度为6～9米，檐高为2.5～3.0米。

图3-3 鹌鹑舍

视频 3-2 鹌鹑舍
实例

视频 3-3 大棚
鹌鹑舍

2. 屋顶

屋顶起遮挡风雨和保温隔热的作用。要求屋顶结构合理、材料保温性能好、隔热、易于排雨雪。鹌鹑场保温隔热对北方和南方地区养鹌鹑同样重要。因为从房顶来看，炎热的夏季，屋顶如果不保温隔热，那么房顶部的阳光照射直接传导到舍内，使舍内温度大幅度升高；如果屋顶保温隔热做得好，舍内温度就不会升高得太快。根据鹌鹑舍的规模不同，可选择不同形式的屋顶。目前最常见的是双坡式，适合跨度较大的鹌鹑舍和规模较大的家庭农场养鹌鹑场。有些双坡式内部直接暴露框架结构，也可内部加设吊顶，吊顶距地面 2.2～2.4 米高。吊顶后保温隔热性能更好，也能更好地满足封闭式鹌鹑舍的密封要求，因此在各阶段和不同开放形式的鹌鹑舍都适用。而单坡式保温隔热性能稍差，更适合跨度小的鹌鹑舍和小规模养鹌鹑场。

拱顶式和双坡式效果差不多，保温隔热效果好，但施工技术要求高，大跨度鹌鹑舍施工难度更大。传统拱顶多采用木架或砖结构，为了满足大跨度鹌鹑舍的要求，应采用钢架或混凝土架构，彩钢夹芯板覆盖。

屋顶必须具有良好的保温隔热性能，传统鹌鹑舍常用瓦片和石棉瓦等，但耐用性较差，造价虽然便宜但损耗大，需要经常检修更换，遇到暴雨台风等自然灾害天气，损失严重。也有一些小规模鹌鹑场采用铁皮做屋顶，造价低廉，耐久性也不错，但保温性能较差。还有一种钢筋混凝土或预制板搭设的平顶式鹌鹑场，保温耐热好，使用年限长，抗台风性能好，但一次性投资较大，需要在最上层做防水层，而且对防水要求高。建议使用彩钢夹芯板，特别是大跨度的鹌鹑舍更适合。彩钢夹芯板是当前建筑材料中常见的一种产品，不仅能够很好地阻燃隔音而且环保高效。彩钢夹芯板由上下两层金属面板和中层高分子隔热内芯压制而成，具有安装简便、重量轻、环保高效的特点，而且填充系统使用的闭泡分子结构，可以杜绝水汽的凝结（见图3-4）。

图3-4 安装无动力风机的彩钢夹芯板舍屋顶

3. 墙壁和地面

墙壁以砖墙为好，砖墙保温性能好，坚固耐用。舍内墙壁采用水泥抹面，地面也要采用水泥地面，并有3°的坡度。保证墙面和地面的光滑平整，便于清洗、消毒、清粪和排水。

4. 朝向

为了有利于通风换气，鹌鹑舍的朝向最好是坐北朝南，要有前后窗户。这样的布局有利于让自然风力通风换气，但是不可有穿堂风。

5. 通风

鹌鹑舍通风换气可采取机械通风和自然通风两种方式。全年气温适宜、一年四季昼夜温差小的地区，可采用设置窗户和屋顶通风天窗等自然通风结构的鹌鹑舍。气候寒冷地区和炎热地区应建设机械通风的鹌鹑舍。

6. 饮水设施

要有良好的饮水设施，并有在冬季能使饮水加温的设施。雏鹌鹑、种鹌鹑、蛋鹌鹑、肉鹌鹑等每个单元都要建立独立的饮水系统。

7. 防鸟、防鼠及防虫设施

所有窗户和通风孔都要钉上孔径小于 1.5 厘米的铁丝网。鹌鹑舍及饲料库房等建筑物外围铺设一条小滑石或碎石子（直径＜ 19 毫米）防鼠带（见图 3-5），宽 25 ～ 30 厘米、厚 15 ～ 20 厘米。保护裸露的土壤不被鼠类打洞营巢，同时便于检查鼠情、放置毒饵和捕鼠器等。因为小碎石个头小、不规则，老鼠打洞时会自然滑落掉下，成不了洞，老鼠自然而然就不会往这里走。同时碎石带还有防止蚂蚁的作用，因为蚂蚁的生活习惯是喜欢在有机物丰富的土壤环境中生活，而干净的石子上极少有这些物质，蚂蚁也就不会选择在这里面生活。这就相当于一个保护圈，把鹌鹑舍和库房区域与老鼠、蚂蚁等完全隔绝开。防止猫、狗、鼠、黄鼠狼、蛇、鸟等动物的侵害，以免传播疫病和引起鹌鹑的应激反应。

图 3-5 鹌鹑舍周围铺设石子防鼠带

8. 周围环境

鹌鹑舍周围 15 米范围内的地面都要进行平整和清理，最好是水泥路面。周边环境的清理以尽可能减少和杀灭鹌鹑舍周围病原为目标，经常清洗和消毒，保证良好的环境卫生。

小贴士：

一个合格的鹌鹑舍要具备：冬季暖和、夏季凉爽、通风良好、遮光防晒、光源充裕、避免鸟兽侵入、利于喂养、管理方便、利于防疫和消毒，建设经济、经久耐用。

（二）鹌鹑养殖设备用具

1. 笼具

规模化鹌鹑养殖主要采取笼养的方式，具有节省土地、增加单位面积的饲养数量、便于管理、提高劳动效率、增加养殖效益等优点，能实现自动喂料、饮水、清粪、通风换气、环保等功能。主要有育雏笼、仔鹌鹑笼、种鹌鹑笼和产蛋鹌鹑笼等。

（1）育雏笼　育雏笼供 1～15 日龄的雏鹌鹑使用。常见育雏笼的规格为 150 厘米 ×80 厘米 ×20 厘米，一次可育雏鹌鹑 150～200 只，由固定架、底网（板）、四周网（板）和顶网组成。笼底网片的网眼为 5 毫米 ×5 毫米或 6 毫米 ×6 毫米。固定架可用钢管、角铁或木方，底网（板）和四周网（板）可采用金属网片、塑料网或复合板。通常可由 2～6 层组成一组立体育雏笼，有层叠式（见图 3-6）、全阶梯式和半阶梯式（见图 3-7），每层间距 10 厘米，最下层离地 30 厘米。层叠式上下两层育雏笼之间安装承粪板，全阶梯式和半阶梯式粪直接落到地面。配置专用食槽与水槽。

图3-6 层叠式育雏笼

图3-7 阶梯式鹌鹑笼

（2）仔鹌鹑笼　主要供 3～6 周的仔鹑用，也可作为育肥笼或种公鹌鹑笼使用。仔鹌鹑笼的结构和组成与育雏笼相同。常见仔鹌鹑笼规格为 130 厘米 ×70 厘米 ×18 厘米。其四周侧网和底网均采用金属电镀锌编织网，底网网眼为 20 毫米 ×20 毫米，其上可再铺一层网眼为 10 毫米 ×15 毫米的塑料网。料槽和水槽悬挂于笼外，仔鹌鹑将头伸出笼外采食和饮水。侧网栅间距 2.3～2.5 厘米，最好采用可根据仔鹌鹑的大小进行调节的网片，以防止鹌鹑逃逸和便于鹌鹑饮食。

（3）种鹌鹑笼　专供种鹌鹑配种使用。规格为长 100 厘米，宽 60 厘米，中高 24 厘米，两侧高各为 28 厘米。前面正中设门，宽 20 厘米，高 15 厘米。门朝内开，门应略大于门框，以小合页焊接于格栅上方，门上设有搭钩，扣在下边栅条上。里面用格栅隔成相等的 4 个单元，每单元放 2 只公鹌鹑和 5～6 只母鹌鹑，笼壁栅条间距 2.5 厘米，底网和侧网网眼为 20 毫米 ×20 毫米或 20 毫米 ×15 毫米。笼顶采用塑料网或塑料窗纱，防止鹌鹑飞跃时伤及头部。笼底向两侧倾斜6°～8°，多采用层叠式结构，层间设承粪板。笼前挂食槽与水槽。

（4）产蛋鹌鹑笼　产蛋笼（见图 3-8、图 3-9、视频 3-4 和视频 3-5）专供蛋鹌鹑使用。规格为长 100 厘米，宽 60 厘米，高度为 18～20 厘米，中间没有格栅。笼底有一定的倾斜面，笼底倾斜面的铁丝网，要向笼框前延伸 5 厘米，并将延出的丝网做成卷状成为集蛋槽，以便种鹌鹑蛋的拾取。若底网涂塑，可减少蛋的破损。实践证明，采用一面喂料、集蛋，另一面喂水，比两面集蛋方便；3 层设一承粪板比每层设一承粪板增加透气性，既节省清粪的劳力，也节省了承粪板的材料。

视频 3-4 层叠式
立体鹌鹑笼

图 3-8 层叠式产蛋笼

视频 3-5 阶梯式
鹌鹑笼

图 3-9 自制鹌鹑笼

2. 育雏平网床

育雏平网床面积根据饲养雏鹌鹑的数量决定，通常按每平方米育 150 只雏鹌鹑计算。育雏平网床具有结构简单、光照好、温度均匀、雏鹌鹑发育整齐、粪便污染小和便于观察管理等优点。一般采用金属结构，由塑料网或金属网、木方、钢管或角铁组成，也可用木板制成。网床四周高度为20厘米，网底距离地面70厘米左右。塑料网或金属网的网眼为5毫米×5毫米或6毫米×6毫米。为防止蚊蝇侵害雏鹌鹑，可用纱窗包裹网床（见视频3-6）。

视频3-6 网上育雏

3. 加温设备

规模化养殖鹌鹑供暖分集中供暖和局部供暖。集中供暖由一个集中的热源（锅炉或其他热源），将热水、蒸汽或预热后的空气，通过管道输送到舍内或舍内的散热器（暖气片或地热盘管等）。局部供暖则由火炉（包括火墙、地龙等）、电热器、保温伞、红外线灯等就地产生热能，供给鹌鹑的局部环境。

我们这里主要介绍比较常用的育雏保温伞。育雏保温伞按热源来分有电热（见图3-10、图3-11）、燃气和煤炉等。在供电有保证的地区，平面饲养的雏鹌鹑，可以采用电热育雏伞。保温伞装有远红外石英加热管和温度控制设备，可随雏鹌鹑日龄所需的温度进行调节。吊挂家禽舍顶部，自由调整高度，不会产生有害的刺眼强光线。弱光线还可满足夜间部分照明的需要。

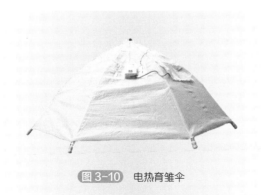

图 3-10　电热育雏伞

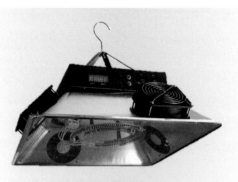

图 3-11　电热育雏保温伞

采用哪种供暖方式应根据鹌鹑要求和供暖设备投资、运转费用等综合考虑。通常雏鹌鹑多采用局部供暖。对于饲养数量大、养殖条件好的家庭农场，可以一次性投资建设集中供暖设施。

4.采食设备

适合规模化养殖鹌鹑的采食设备有喂料盘、反坡料槽、圆桶形料槽和鹌鹑自动采食料槽等。

喂料盘（见图 3-12）又叫开食盘。用于 1 周龄前的雏鹌鹑，用塑料和镀锌铁皮制成的圆形和长方形浅盘。盘底上有防滑突起的小包或线条，以防雏鹌鹑进盘里吃食打滑或劈腿。使用时饲料应少添勤添，并在盘底下铺大块的牛皮纸，防止饲料浪费。若饲养数量少，可用塑料薄膜或牛皮纸代替开食盘。

圆桶形料槽（见图 3-13）是将饲料装入桶内，便可供鹌鹑自由采食的一种料槽。即鹌鹑边吃料，饲料边从料桶落向料盘。使用时摆放在育雏笼内或育雏网床上，适合雏鹌鹑采食时使用。注意需要在上面罩上网眼 10 毫米 ×10 毫米的铁丝网，防止鹌鹑进入和抛料。

图 3-12　喂料盘　　　　图 3-13　圆桶形料槽

鹌鹑自动采食料槽（见图 3-14）由大漏料头桶和漏料槽一次对接而成，底层漏料槽闸片封堵，饲料由上向下形成穿分流原理。其可供鹌鹑自由采食，保证随吃随供，供料均匀。安装在鹌鹑笼的两端，笼具正面没有料槽，可配合料线使用，克服了鹌鹑抛料、喂料繁琐、集蛋慢、通风差、缺料、采食不均、食槽卫生差等缺陷。

长条反坡料槽（见图 3-15）的反坡向外呈一定斜度，饲槽垂直边的边口上沿向内弯曲，以防止鹌鹑采食时挑剔将饲料刨出槽外。安装在鹌鹑笼的正面，可配合自动投料机使用，提高劳动效率。其具有添料方便、采食均匀、防止鹌鹑抛料等优点。适合各种大小鹌鹑使用。

5. 饮水设备

规模化养殖鹌鹑常用的饮水设备有自动饮水碗、自动饮水器、塔式真空饮水器等。不建议采用水槽式饮水线（V 形水槽），因为没有水位控制，洒水严重，不卫生。

自动饮水碗（见图 3-16）也称为半圆式饮水碗，分为左、右半圆式，塑料材质，安装时需要配套固定螺丝、Y 形三通及塑料水管，具有安装方便、卫生、节约用水等优点。适合成年鹌鹑使用。

图 3-14　鹌鹑自动采食料槽　　图 3-15　长条反坡料槽

自动饮水器是利用杠杆原理，在 U 形水槽上放置阀体，水槽中间设有浮子室，内装有浮子，利用浮力转动杠杆带动阀杆，达到自动给水和关闭水流的目的。外形尺寸为圆形直径170毫米，饮水器高120毫米，水盘深25毫米，具有结构简单、安装简便、卫生、节水等优点。适合育雏鹌鹑及网床平养鹌鹑时采用。

塔式真空饮水器（见图 3-17）由桶身和底盘两部分组成，利用真空原理，圆桶的顶部和侧壁不漏气，基部离底盘高 2.5厘米处开有 1～2 个小孔，圆桶盛满水后，当盘内水位低于小孔时，空气由小孔进入桶内，水就会自动流到盘底；当盘内水位高于小孔时，空气进不了圆桶，桶内的水也流不出来，具有结构简单、安装和清洗方便的优点。为防止鹌鹑进入槽内，使用时需要在饮水槽内放置若干经过消毒的大小合适的鹅卵石。适合育雏鹌鹑及网床平养鹌鹑时采用。

普拉松自动饮水器（见图 3-18）由饮水碗、活动支架、弹簧、封水垫及安在活动支架上的主水管、进水管等组成。活动支架上有一个围绕进水管的防溅水护板。该产品结构合理，从根本上解决了人工喂水劳动强度大的问题。普拉松自动饮水器不仅节约了用水和饲料，而且改善了鹌鹑场的卫生环境，使鹌鹑每时每刻饮入新鲜水，是鹌鹑场理想的饮水器。适合育雏期平养时使用，能保证鹌鹑充足饮水，有利于鹌鹑生长。饮水器的高度应根据鹌鹑不同周龄的体高进行调整。

图 3-16　自动饮水碗安装效果

图 3-17　塔式真空饮水器　　图 3-18　普拉松自动饮水器

6. 照明设备

鹌鹑舍照明设备主要是白炽灯、节能灯和 LED 灯等。鹌鹑舍内照明设施依面积而定，每 20 ～ 25 平方米配备一盏 40 ～ 60 瓦灯泡。灯泡高度要超过笼顶。成年鹌鹑舍应采用暗光照。

7. 孵化设备

通常用于孵化鸡雏的孵化机均可用于孵化鹌鹑（见图 3-19）。需要注意孵化盘和出雏盘的规格，要求能够适应鹌鹑蛋规格和初生雏鹌鹑行为。鹌鹑孵化器应具有控温、控湿、通风、翻蛋等系统。鹌鹑的孵化设备种类繁多、价格不一，所以可根据自身的经济实力来选择，但是总的来说容蛋率越小的设备，每个蛋单位的耗资就越大，其效率和效益就会越低。

图 3-19　孵化机

选购孵化设备时要知道本场具体需要的机型、结构、特性、容量、技术指标等有关的技术参数。采购时要对照说明书，最好是在专业人士的指导下，逐项检查控温系统、控湿系统、通风系统、翻蛋系统的结构以及性能等是否符合要求。

8. 清粪设备

规模化鹌鹑养殖主要的清粪设备为机械刮粪机和传送带清粪机。

机械刮粪机（见图3-20）由驱动电机、减速机、牵引绳、转角轮和刮板等组成。根据动力需求可配置单相220伏或三相380伏电机，有一主机拖两个刮板和一主机拖三个刮板两种。工作时驱动电机通过链条或钢绳带动两个（或三个）刮板形成一个闭合环路，将粪清除。机械刮粪机能及时、彻底地清除舍内鹌鹑粪，节省劳动力，改善鹌鹑舍环境条件。适合阶梯式笼养鹌鹑。

图3-20 机械刮粪机效果

传送带清粪机（见图 3-21）是一种适合层叠式笼养鹌鹑清粪的机械。其由主轴、副轴、摆线减速电机组成，离合传动。配合安装在笼底接粪的传送带使用，既可以清除一层鹌鹑粪，也可以同时清除三层鹌鹑粪，节省时间和生产成本。

图 3-21　传送带清粪机

9. 消毒设备

消毒设备主要有火焰消毒器（见图 3-22、图 3-23）、喷雾器（见图 3-24、图 3-25）、熏蒸消毒用具等。消毒设备是规模化鹌鹑养殖的必备设备之一。

图 3-22 火焰消毒器（一）

图 3-23 火焰消毒器（二）

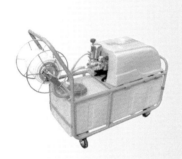

图 3-24 移动式电动喷雾器

图 3-25 背负式喷雾器

　　舍内地面、墙面、屋顶及空气的消毒多用喷雾消毒和熏蒸消毒。墙壁、地面和笼具等消毒常用火焰消毒器。火焰消毒时瞬间的高温燃烧，能达到杀灭细菌、病毒、虫卵等消毒净化目的。其优点主要有：杀菌率高达 97％；操作方便、高效、低耗、低成本；消毒后设备和栏舍干燥，无药液残留。

　　喷雾消毒采用的喷雾器有背负式、手提式、固定式和车式移动高压喷雾器。

　　熏蒸消毒采用熏蒸盆，熏蒸盆最好采用陶瓷盆或金属盆，切忌用塑料盆，以防火灾发生。

10. 通风降温设备

鹌鹑舍小气候应该稳定，不受外界温度变化的影响，因此鹌鹑舍内应配备一些采暖和通风降温的养鹌鹑设备，来保证鹌鹑群正常健康的生长和生产。为了节约能源，尽量采用自然通风的方式。常用的通风设备有负压风机、无动力风机和电风扇等。

负压风机（见图3-26）是利用空气对流、负压换气的原理来设计的。工作时利用负压将鹌鹑舍内有害气体如氨气、二氧化碳和硫化氢等，在最短的时间内迅速排出室外，同时把室外新鲜的空气送入室内，并在室内快速促进空气流动，从而达到通风降温改善鹌鹑舍环境的目的。负压风机主要安装在鹌鹑舍的窗户和墙上，要求在鹌鹑舍建设时确定好安装位置及预留与负压风机规格尺寸相匹配的孔洞，安装后还要做好密封，防雨水渗漏。选择的负压风机要求具有耐腐蚀、大风量、低能耗、低转速、低噪声、坚固耐用等特点。

无动力风机（见图3-27）是利用自然风力及室内外温度差造成的空气热对流，推动涡轮旋转，从而利用离心力和负压效应将舍内不新鲜的热空气排出。适合在鹌鹑舍的屋顶上使用。无动力风机具有零成本运行、24小时无需人员操作、重量轻、绿色环保、无噪声、寿命长、安装简便迅捷、适用性广泛等特点。

图 3-26　负压风机　　　图 3-27　无动力风机

11. 其他设备

其他设备主要有连续注射器、LED 冷光照蛋器和饲养工具。

连续注射器（见图 3-28）是鹌鹑免疫时注射疫苗不可缺少的工具。

LED 冷光照蛋器（见图 3-29）是用来剔除蛋胚孵化过程中无精蛋、死胚等不合格种鹌鹑蛋的常用工具。LED 冷光照蛋器具有亮度高、穿透性强、点亮时间长、长时间使用不发热、不会烫伤种鹌鹑蛋等优点。缺点是一次只能照一个种鹌鹑蛋，照蛋数量较多时，需要投入大量的人力和较长时间。

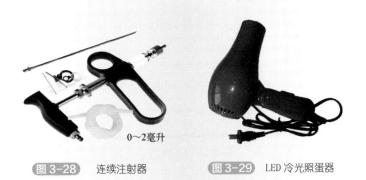

图 3-28　连续注射器　　　　　图 3-29　LED 冷光照蛋器

饲养工具主要有用来称量饲料和鹌鹑蛋的秤、铁锹、笤帚、水桶、刷子、水枪等清洁卫生用具，应做到每栋舍一套，不要串用。

小贴士：

规模化、集约化养鹌鹑要实现高效、高产的目的，离不开科学合理的养殖设备，养殖设备要求设计合理、坚固耐用、配套完善、便于饲喂操作、便于观察等。

四、鹌鹑舍环境控制

鹌鹑的饲养环境可直接影响鹌鹑的生长、发育、繁殖、产蛋、育肥和健康。控制鹌鹑的饲养环境，使其尽可能满足鹌鹑的最适需要，可充分发挥鹌鹑的遗传潜力，减少疾病的发生频率，降低生产风险和成本。

（一）温度控制

温度对鹌鹑产蛋量、蛋重、蛋壳品质、种鹌鹑蛋受精率和饲料转化率都有较大的影响，保持鹌鹑舍适宜的环境温度是保证产蛋率和饲料效率的必备条件。鹌鹑喜温暖，怕寒冷。鹌鹑舍舍内适宜温度为 17～28℃，最佳产蛋温度为 24～26℃。如果温度低于 15℃，产蛋率下降。温度低于 10℃时，则停止产蛋，有时出现脱毛甚至死亡。短时间高温（35～36℃）对鹌鹑产蛋影响不大，但如果持续时间长，产蛋率也会明显下降。

夏季应做好防暑降温，一是减少单位面积的存栏数，降低环境温度。二是提供足够的饮水器，保证饮水充足。三是加大通风，将舍内鹌鹑产生的过多热量排出鹌鹑舍，以降低舍内温度。封闭式鹌鹑舍必须安装机械通风设备，以提供适当的空气流动，并通过对流进行降温。

天气寒冷时，鹌鹑所产生的大部分热量必须保持在舍内，以提高舍内温度。在高纬度地区冬季要做好鹌鹑舍的保温和增温工作。保温可采取封堵门窗和通风口、加装门帘等措施。笼养鹌鹑的，冬季笼架下层比上层温度低 5℃ 左右，可通过增加下层的饲养密度来调节。鹌鹑舍温度不能达到要求的，需要给鹌鹑舍提供热源。热源的来源有热风炉、暖气、电热育雏伞、地炕、火炉等。

（二）湿度控制

鹌鹑舍内的相对湿度以 50%～55% 为宜。在通风良好的情况下，舍内空气相对湿度不会太高，通风不良的鹌鹑舍内相对湿度就会超标。如果相对湿度超过 72%，鹌鹑的羽毛潮湿污秽，易发关节炎。相对湿度低于 40% 时，鹌鹑羽毛零乱，空气尘埃飞扬，易产生呼吸道疾病。相对湿度太低，会引起鹌鹑脱水。一般情况下，相对湿度与温度对鹌鹑共同发生影响。在生产上，特别要防止几种极端情况如高温高湿、低温高湿等。

高温高湿环境对产蛋鹌鹑影响最大。它可使鹌鹑体温升高，采食量减少，饮水量加大，产蛋量降低，而且高温高湿环境有利于微生物的生长繁殖，使鹌鹑群疾病发生率增加。低温高湿环境可使鹌鹑羽毛湿度加大，散热量增加；鹌鹑体受凉，易患感冒；而且耗料量加大，产蛋率下降。

鹌鹑舍湿度的控制主要采取以下几种措施：

一是加大通风。通风是最好的办法，只有通风才可以把舍内水汽排出。通过通风换气，一方面带走舍内潮湿的气体，降低鹌鹑舍湿度，另一方面排出污浊的空气，换进新鲜空气。但如何通风，则根据不同鹌鹑舍的条件采取相应措施。通风的同时还要注意解决好寒冷季节通风与保温的矛盾，控制好通风量和风速，并在通风前后及时做好增温工作，力求使通风期间的温度变幅小于5℃，且在短期内恢复正常。鹌鹑舍通风可采用机械负压通风和自然通风办法，如鹌鹑舍两端安装排风扇、舍内安装吊扇、舍内使用大风力电扇、屋顶安装无动力风机、增大窗户的面积、加开地窗等。

养殖条件好的鹌鹑场可在鹌鹑舍内安装湿度测定仪器，湿度传感器安装在距地面1.8米高处，数据采集时间间隔为5分钟。湿度传感器实时自动采集舍内湿度数据，并上传到湿度监控系统，当舍内湿度过高或过低时，系统适时启动相关的除湿或加湿设备，实现湿度管理的自动化。

二是节制用水。水是导致潮湿的最主要因素。夏季应尽量减少用水冲刷地面降温的次数。冬季鹌鹑舍湿度大，往往是由于鹌鹑舍封闭过严，舍内水汽无法排出，遇到较冷的墙壁和屋顶再次凝结成水流到地面，这样循环往复，使舍内一直处于潮湿状态，这种现象在寒冷地区经常出现。冬季不用水冲刷鹌鹑舍地面，及时维修漏水的供水管线和滴水的饮水器。消毒时要合理用水，并在阳光充足的中午进行。低温水管也有吸潮的功能，如果低于20℃的水管通过潮湿的鹌鹑舍，舍内的水汽会变为水珠，从水管上流下，将低温水管用橡胶保温管包上即可解决这个问题。

三是及时清除鹌鹑粪。鹌鹑排泄粪尿是造成鹌鹑舍高湿和空气不良的重要原因，故应及时清扫鹌鹑粪尿，确保舍内干燥。

四是辅助吸湿。要保持鹌鹑舍地面平整，避免积水。对鹌鹑舍局部过湿的地面可以用吸湿材料进行吸湿处理。常用的辅助吸湿措施有用草木灰、煤灰渣、生石灰、木炭等作为吸湿材料，及时吸附地面水分，吸收空气中臭气，杀灭细菌，抑制各种病菌的滋生。

（三）有害气体控制

鹌鹑的新陈代谢旺盛，加之又多是密集式多笼饲养，常产生大量的氨气、二氧化碳、硫化氢等有害气体。另外用煤炉加热，燃烧不完全还会产生一氧化碳。这些气体对鹌鹑的健康和生产性能均有负面影响，而且有害气体浓度的增加会相对降低氧气的含量。因此，必须采取有效措施将鹌鹑舍内有害气体的浓度维持在适宜范围，为鹌鹑的养殖提供舒适的环境。

控制有害气体的主要方法有：一是及时将鹌鹑粪清理出鹌鹑舍，减少鹌鹑粪在舍内的停留时间。二是通风换气。通风换气是解决鹌鹑舍内有害气体浓度超标的一个有效措施，也是减少鹌鹑舍内有害气体的最主要方式，便捷、高效，而且在经济成本上也比较划算。通常采用负压通风的方式，用风机抽出舍内的污浊空气，使舍内气压相对小于舍外，新鲜空气通过进气口（管）流入舍内而形成舍内外的空气交换。或者采用联合通风方式，即同时进行机械送风和机械排风的通风换气方式。注意在高寒地区的冬季，通风换气与防寒保温存在着很大的矛盾，在进行通风换气时应解决好这一矛盾。

（四）光照控制

光照不仅使鹌鹑看到饮水和饲料，促进鹌鹑的生长发育，而且对鹌鹑的繁殖有决定性的刺激作用。如合理的光照可使母鹌鹑早开产，并能提高其产蛋率。

鹌鹑产蛋期光照控制原则为：光照时间要逐渐增加，直至保持恒定，切忌缩短；光照强度不能减弱；光照制度一旦应用，千万不能变动，如时长时短、时早时晚、时强时弱、时明时暗、昼夜通明等都不可取；开关灯最好用电阻器控制，使灯光由弱渐强，由强渐弱。鹌鹑舍内光照一定要均匀。最好的方法是每天早晨补光，或早晚各补 1 次光。产蛋期内应保持 14 ～ 16 小时的光照时间，光照强度为 5 ～ 10 勒克斯，光色以白色、红色为宜。

（五）噪声控制

噪声是指能引起不愉快和不安感觉或引起有害作用的声音。鹌鹑舍的噪声有多种来源，一是从外界传入，如外界矿山放炮和工厂机械传来的噪声，飞机轰鸣和车辆鸣笛产生的噪声，放鞭炮等；二是舍内机械产生的，如风机、清粪机械等；三是人的操作和鹌鹑自身产生的，如人清扫圈舍、加料、添水等，鹌鹑群自身鸣叫、争斗、采食等。

噪声的刺激会引起啄斗、飞腾、惊恐等，从而会造成不利影响。噪声对产蛋鹌鹑最严重的影响是引起坠蛋，继而造成产蛋量下降。鹌鹑对小的短期的噪声可以逐渐产生适应性，但对大的噪声不能适应。噪声的刺激会引起鹌鹑惊恐不安，采食量下降，腹泻，整个鹌鹑群的发病率和死亡率上升；产蛋量明显下降，软壳蛋、脆壳蛋和血斑蛋增加；肉鹌鹑生长速度减缓，肉质下降。其中影响最大的是突然的噪声，它是造成鹌鹑精神紧张或惊恐的主要因素，会出现体重下降，蛋重减小，软皮蛋和血斑蛋的比重增加。强烈的噪声可使鹌鹑冲撞笼子，造成肝脏和卵黄破裂。

有试验证明，连续几天的高强度噪声可以使鹌鹑骚动不安、食欲减退，产蛋率从 85％ 急剧下降到 15％，同时，蛋壳由褐色逐渐变为白色；噪声停止后 20 天内，产蛋率和蛋壳颜色才能逐渐恢复正常。

为了减少噪声的不良影响，鹌鹑场在选址时应远离工矿企业和交通要道；场内的规划也应合理安排，场内交通线不能靠鹌鹑舍太近；选择机械设备时尽量选低噪声的；鹌鹑舍周围应植树，绿化可使噪声降低；在鹌鹑舍内，放轻音乐，让鹌鹑慢慢地适应声音。特别注意的是，喜庆节日自家不放鞭炮，邻居放鞭炮时要在舍内提前放音乐等，避免突然燃放爆竹对鹌鹑群造成危害。

小贴士：

鹌鹑舍环境调控应以鹌鹑体周围局部空间的环境状况为调控的重点。充分利用舍外适宜环境，自然与人工调控结合。舍内环境调控不要盲目追求单因素达标，必须考虑诸因素相互影响制约，以及多因素的综合作用。采取多因素综合调控措施，且应侧重鹌鹑的体感（行为、健康）调控效果。因此，舍内环境调控应从工艺设计、场区环境、鹌鹑舍建筑、舍内环境调控工艺和设备、饲养管理、控制环境污染控制等多方面采取综合措施。

第四章

鹌鹑饲养品种的确定与繁殖

一、鹌鹑的生物学特性

（一）体型与羽色

鹌鹑体型较小，在鸡形目中属于最小的种类。肉用型鹌鹑较蛋用型大，母鹌鹑则较公鹌鹑大，这在其他禽种中极为罕见。其体形呈纺锤形，头小，喙细长而尖，无冠、髯、距，尾羽短而下垂。

家养鹌鹑经过几十年的驯化与选育，在体型、体重、外貌、羽色、生产性能、适应性、行为等诸多方面，都与野生鹌鹑迥然不同。同样，在人类精心培育下，由于培育目的不同，家鹑的体型外貌也因品种、品系、配套系、种群等的不同而不一样。如羽色，家鹑的羽色多呈栗褐色（又称野生色），也有黑色、白色、黄色及杂色的羽毛。有色羽鹌鹑品种的羽毛，系由黄、黑、红三种不同色素混合而成；而白色羽毛品种的羽色，是因为不含色素所致；杂色羽则多为杂交种或返祖现象，或由性状分离所形成。

（二）生活习性

鹌鹑是一种驯化时间较短，具有较大野性的特种禽类。

1. 胆子小，易受惊

鹌鹑富于神经质，对周围任何应激的反应均极其敏感，易骚动、惊群。笼养鹌鹑一旦受惊，便会乱飞乱撞，易发生撞网受伤，甚至死亡。人工养殖时要求环境保持安静，要求鹌鹑笼的后网高度不低于16厘米，前网高度不低于25厘米。鹌鹑怕强光，具有很强的争斗性，有啄癖，甚至啄斗。公鹌鹑善鸣。鹌鹑喜沙浴。人工养殖时不宜采用大的平底料盘饲喂，以防止鹌鹑抛料，引起饲料浪费。

2. 性情温顺

喜群居，鹌鹑性情较温顺，彼此能和睦相处，栖息觅食常成群结队。鹌鹑翅羽不发达，不善飞，特殊情况下能低飞1～2米，但能疾走、跳跃。因此，能逃避危险。鹌鹑适于笼养。

3. 不筑巢、不抱窝

野生鹌鹑无固定窝，四处为家，是鸟类中的"流浪者"。到繁殖季节临时找一隐蔽处，产卵8～14枚后开始孵化，待小雏出壳后又开始到处流浪。驯养的家鹌鹑已失去抱孵性能，只能进行人工孵化。

4. 喜暖怕冷

鹌鹑生长和产蛋均需较高的温度，其高产的适宜温度范

围通常为 17 ~ 28℃，24 ~ 25℃ 为最佳产蛋温度。如果低于
15℃，产蛋率就会下降，低于 10℃ 产蛋停止，甚至造成生长不
良或死亡。雏鹌鹑对温度较雏鸡更为敏感，初生雏鹌鹑体温为
38.61 ~ 38.99℃，比成年鹌鹑低 3℃ 左右，至 8 ~ 10 日龄达到
成年鹌鹑体温。

5. 喜干怕湿

鹌鹑喜欢干燥的生活环境。湿度太大，会使它不适应，甚
至影响生长发育，威胁健康。适宜的相对湿度为 50%~ 55%。

6. 性成熟早、生长快、生产周期短

鹌鹑是家禽中性成熟最早的禽类。鹌鹑雏属于早熟雏，出
生后全身就布满绒毛，具有独立的采食、饮水能力，能够独
立地生活生长。从出壳到开产只需 45 天左右，公鹌鹑 1 月龄
开叫，45 日龄后有求偶交配行为。生长速度快于鸡，肉鹌鹑
40 ~ 50 天即可上市。

7. 新陈代谢旺盛

人工饲养的鹌鹑，总是不停地运动和采食，喜饮清洁水，
每小时排便 2 ~ 4 次。成年鹌鹑体温 40.5 ~ 42.0℃，心跳
150 ~ 220 次，呼吸频率随室温的变化而变化很大。

8. 食性杂

野生鹌鹑的主要食物为杂草种子、谷物籽实、豆类、浆果
及嫩草枝叶等，有时也食昆虫。但家养鹌鹑对饲料的全价性要
求很高，饲料应以谷物类为主，适当补充蛋白质饲料。

9. 产蛋力强

鹌鹑的年产蛋量高于鸡，年产蛋量为 270 ~ 280 枚（最

高纪录 450 枚），年产总蛋重 2.8 千克，为母鹌鹑自身体重的 20 倍，而高产蛋鸡的相应数据最高为 10 倍。鹌鹑蛋平均重 10～12 克，相当于 140 克母鹌鹑体重的 7%～8.5%，而 56 克的鸡蛋相当于 1800 克母鸡体重的 3%。在蛋料比方面鹌鹑较鸡为佳。

10. 孵化期短，繁殖力强

鹌鹑孵化期 16～17 天，一年可繁殖 3～4 代，年繁殖后代总数（理论数据）可高达 1000 只，可大量进行人工繁殖。

小贴士：

　　家庭农场养殖鹌鹑，一定要熟知鹌鹑的这些生活习性，然后"投其所好"，满足鹌鹑这些习性。只有精心地饲养管理，鹌鹑才能长得快，并给我们提供更多的蛋。

二、鹌鹑的品种

鹌鹑的品种较多，按照经济用途分类，可分为蛋用型与肉用型。

（一）蛋用型品种

1. 日本鹌鹑

日本鹌鹑又称日本改良鹑，属蛋用型培育品种。日本鹌鹑育成于日本，是世界著名的蛋用鹌鹑品种，以体型小、产蛋多、纯度高而著称。日本鹌鹑对饲养条件要求较高，适合密集饲养。我国曾在20世纪30年代和50年代引进饲养，后来品种退化，目前在我国蛋鹌鹑生产中所占比例不大。

【外貌特征】体形呈纺锤形，酷似雏鸡，体羽基色呈栗褐色，夹杂黄黑色相间的条纹，头部黑褐色，其中央有3条淡色直纹。喙细长而尖，无冠髯，背羽赤褐色，均匀散布着黄色直条纹和暗色横纹，腹羽色泽较浅。胫无距。尾羽短而下垂。成年公鹌鹑的脸、下颌、喉部赤褐色，胸羽砖红色；母鹌鹑的脸褐色，下颌白色，胸部淡褐色，缀有大小不等的黑斑点，其分布范围似鸡心状（见图4-1）。

图4-1　日本鹌鹑

【生产性能】成年公鹌鹑体重100～110克，母鹌鹑130～140克。35日龄即可见蛋。300日龄母鹌鹑平均产蛋率仍可达80%以上，年产蛋250～300枚；高产品系母鹌鹑年产蛋超过320枚，平均蛋重10.5克。蛋壳上布满棕褐色或青紫色的斑块或斑点，棕褐色蛋壳常有光泽，而青紫色蛋壳呈粉状。

种鹌鹑蛋受精率 65%～85%，每只种鹌鹑平均日耗料 22 克，料蛋比 2.9∶1。

2. 朝鲜鹌鹑

朝鲜鹌鹑是由朝鲜通过对日本鹌鹑分离选育而成，1978 年从朝鲜引入龙城、黄城两系，是目前国内分布最广、数量最大，也是最原始的品种。引入我国后，经北京市种禽公司鹌鹑场多年封闭育种，其均匀度与生产性能均有较大提高，目前已成为我国鹌鹑养殖业中蛋鹌鹑的当家品种。

【外貌特征】朝鲜鹌鹑体型稍大，呈纺锤形，羽毛多呈栗褐色，头部黑褐色，中央有淡色直纹，前胸色偏红，背部赤褐色，均匀散布着黄色直条纹和暗色横纹，腹羽色泽较浅。公鹌鹑脸部、下颌、喉部为赤褐色，胸羽呈砖红色；母鹌鹑脸部淡褐色，下颌灰白色，胸羽浅褐色并缀有分布似鸡心状的粗细不等的黑色斑点；雏鹌鹑胎毛颜色明显，富光泽，头部金黄色胎毛直至 30 日龄后才逐步褪去（见图 4-2 和视频 4-1）。

图 4-2　朝鲜鹌鹑

视频 4-1 朝鲜
龙城鹌鹑

【**生产性能**】朝鲜鹌鹑体型大于日本鹌鹑，成年公鹌鹑体重 125～130 克，母鹌鹑重约 150 克（体型大的重达 160～180 克）。母鹌鹑 40 日龄开产，年产蛋 270～280 枚，蛋重 11.5～12 克，产蛋率为 75%～80%，蛋壳有斑块或斑点。每天每只耗料 24 克，受精率 85%～90%。

3. 中国白羽鹌鹑

中国白羽鹌鹑是由北京市种鹌鹑场、中国农业大学、南京农业大学采用朝鲜鹌鹑的突变个体（隐性白色鹌鹑）联合育成的白羽鹌鹑新品种。中国白羽鹌鹑育雏期生活力稍差，成活率低，育雏条件要求较高，宜采取高温育雏。

【**外貌特征**】白羽纯系的体型类似朝鲜鹌鹑，初生时体羽呈浅黄色，背部深黄条斑，换羽后即变为纯白色。其背线及两翼有浅黄色条斑。眼呈粉红色，喙、胫、脚为肉色或黄色。屠体皮肤呈白色或淡黄色，外表美观（见图 4-3 和视频 4-2）。其具有伴性遗传的特性，为自别雌雄配套系的父本。

视频 4-2 中国
白羽鹌鹑

图 4-3　中国白羽鹌鹑

【生产性能】成年母鹌鹑体重 130 ～ 140 克，40 ～ 45 日龄开产，产蛋率 75% ～ 80%，蛋重 11.5 ～ 13.5 克，蛋壳上有棕色或青紫色斑块与斑点，每天每只鹌鹑耗料 23 ～ 25 克。料蛋比为 2.73∶1，采种日龄为 90 ～ 300 天，受精率 90%。

4. 黄羽鹌鹑

黄羽鹌鹑由北京市种禽公司鹌鹑场、中国农业大学和南京农业大学等选育成功。

【外貌特征】体羽浅黄色，夹杂褐色条纹。初生雏鹌鹑胎毛浅黄色，喙、脚浅褐色。黄羽鹌鹑适应性较强、耐粗饲、生产性能稳定，属于隐性黄羽类型，可根据胎毛色彩自别雌雄，为自别雌雄配套父本品系（见图 4-4）。

图 4-4　黄羽鹌鹑

【生产性能】该品种适应性广，育雏期容易管理，成活率高，耐粗饲，生产性能稳定，体质较好，抗病力强，杂病少，饲养期为 14 个月，自然淘汰率 5% ～ 10%。成年公鹌鹑体重

130 克，母鹌鹑 160 克。6 周龄开产，年产蛋量 260 ～ 300 枚，年平均产蛋率 83%，蛋重 11 ～ 12 克，料蛋比 2.7：1，蛋壳颜色同朝鲜蛋鹌鹑。

5. 自别雌雄配套系

含有隐性基因鹌鹑纯系具有伴性遗传的特性，当隐性白羽或黄羽公鹌鹑与栗羽母鹌鹑杂交时，其子一代可根据胎毛颜色自别雌雄，具有较高的育种与生产价值。

① 隐性白羽公 × 栗羽母（朝鲜鹌鹑、法国肉用鹌鹑等）。由北京市种禽公司、中国农业大学和南京农业大学等培育成功。

【外貌特征】经试验结果得出，子一代初生雏鹌鹑淡黄色羽为雌雏（初级换羽后即呈白色羽），栗羽则为雄雏，自别准确率 100%。

【生产性能】据河南科技大学测定，杂交白羽商品代 51 日龄开产，年产蛋 286 枚，平均蛋重 12 克，料蛋比 2.8：1。

② 隐性黄羽公 × 栗羽母（朝鲜鹌鹑）。由南京农业大学进行配套系测定研究。

【外貌特征】其子一代雏鹌鹑胎毛颜色黄色者（背部隐约有深黄色条斑）为雌雏，而胎毛颜色栗褐色者则为雄雏。经多年测交试验，此种正交的杂交雏鹌鹑生活力强，育雏率可达 93% 以上，雌鹌鹑生产性能较朝鲜母鹑强。

【生产性能】河南科技大学测定，杂交黄羽商品代 49 日龄开产，年产蛋 281 枚，平均蛋重 11.5 克，料蛋比 2.73：1。

6. 爱沙尼亚鹌鹑

爱沙尼亚鹌鹑为蛋肉兼用型品种。

【外貌特征】体羽为赭石色与暗褐色相间。公鹌鹑前胸部为赭石色，母鹌鹑胸部为带黑斑点的灰褐色。身体呈短颈短尾的圆形。背前部稍高，形成一个峰（见图 4-5）。母鹌鹑比公鹌鹑重 10%～12%，具飞翔能力，无就巢性。

图4-5　爱沙尼亚鹌鹑

【生产性能】年产蛋 315 枚，前 6 个月产蛋 165 枚，产蛋率 91%，年平均产蛋率 86%，年平均产蛋总量 3.8 千克，平均开产日龄 47 日龄，成年鹌鹑每天耗料量为 28.6 克，料蛋比为 2.62:1。

肉用仔鹌鹑平均料肉比为 2.83:1。35 日龄时平均活重为公鹌鹑 140 克、母鹌鹑 150 克，平均全净膛重为公鹌鹑 90 克、母鹌鹑 100 克；47 日龄时平均活重为公鹌鹑 170 克、母鹌鹑 190 克，平均全净膛重为公鹌鹑 120 克、母鹌鹑 130 克。

7."神丹 1 号"鹌鹑配套系

"神丹 1 号"鹌鹑配套系是由湖北神丹健康食品有限公司与湖北省农业科学院畜牧兽医研究所历经 8 年共同培育的蛋用鹌鹑配套系，2012 年通过了国家畜禽品种审定委员会的审定，成为我国首个自主培育的鹌鹑配套系。其具有体型小、耗料少、产蛋率高、蛋品质量好、生产性能稳定、整齐度好、综合效益高等特点。

【**外貌特征**】商品代产蛋母鹌鹑羽毛为黄麻色，公鹌鹑为栗麻色，羽片上均有灰色线状横纹，喙为棕褐色，肤色、胫色、爪色均为浅灰白色。蛋壳灰色，带有大小不等深色斑点。商品代小鹌鹑可以根据羽毛的颜色，一眼辨别出雌雄，准确率可以达到100%（见图4-6）。

图4-6 "神丹1号"鹌鹑配套系

【**生产性能**】父母代开产日龄43～47日龄，35周龄产蛋135～145枚，公母比例（1:4）～（1:5），35周龄可供合格种鹌鹑蛋108～116枚，可供产蛋母雏43～46只；商品代鹌鹑育雏期成活率达95%以上，开产日龄43～47日龄，35周龄入舍鹌鹑产蛋数155～165枚，平均蛋重10～11克，平均日耗料21～24克，料蛋比为（2.5:1）～（2.7:1），35周龄末体重150～170克。

（二）肉用型品种

肉用型鹌鹑品种主要有迪法克FM系肉用鹌鹑、中国白羽肉鹑和莎维麦脱肉用鹌鹑等。

1. 迪法克 FM 系肉用鹌鹑

迪法克 FM 系肉用鹌鹑又称法国巨型肉用鹌鹑，体型大，属著名肉用鹌鹑良种，由法国迪法克公司育种中心育成。

【外貌特征】初生雏鹌鹑胎毛颜色明显，富有光泽，头部金黄色胎毛直至 30 日龄后才逐步褪去。14 日龄后公鹌鹑胸部长出红棕色羽毛，母鹌鹑则长出灰白色并带有黑色斑点的羽毛。至 30 日龄时，羽毛已基本定型。成年公鹌鹑的睑、下颌、喉部呈红棕色，喙黑褐色，腹羽淡黄色，胸宽；母鹌鹑睑部羽毛呈淡棕色，下颌及喉部羽毛为白色，喙呈淡褐色。成年鹌鹑体羽基色为灰褐色与栗褐色，间杂有红棕色的直纹羽毛，头部呈黑褐色，其头顶部有 3 条淡黄色直纹，尾羽较短。公鹌鹑胸羽呈红棕色，母鹌鹑则为灰白色或浅棕色，并缀有黑色斑点。体表羽毛较蛋用鹌鹑蓬松（见图 4-7 和视频 4-3）。

图 4-7　迪法克 FM 系肉用鹌鹑

视频 4-3 法国
迪法克鹌鹑

【生产性能】据资料介绍，种鹌鹑生活力与适应性强，饲养期约 5 个月；肉用仔鹌鹑的屠宰日龄为 45 日龄，0～7 周龄平均耗料 1 千克（含种鹌鹑耗料），料肉比为 4∶1（含种鹌鹑耗料）。6周龄平均活重240克。4月龄种鹌鹑平均体重350克，平均产蛋率60%，平均孵化率60%，每只蛋重13～14.5克。

2. 中国白羽肉鹑

中国白羽肉鹑是由北京市种鹌鹑场、吉林大学农学部，从迪法克肉鹌鹑中选育出的纯白羽肉用鹌鹑群体。

【外貌特征】 体型同迪法克肉鹌鹑相似，黑眼，喙、胫、脚肉色（见图4-8）。

图4-8 中国白羽肉鹑

【生产性能】 经北京市种鹌鹑场测定，白羽肉鹌鹑成年母鹌鹑体重200～250克，40～50日龄开产，产蛋率70.5%～80%，蛋重12.3～13.5克，每只每天耗料28～30克，料蛋比为3.5∶1，采种日龄为90～250日龄，受精率为85%～90%。

3. 莎维麦脱肉用鹌鹑

莎维麦脱肉用鹌鹑由法国莎维麦脱公司育成，具有体型硕大、适应性强、疾病少、生长速度快、饲料转化率高、性成熟早、孵化率高等优点。我国于 1992 年引进并繁殖推广，成效不错。

【**外貌特征**】体型硕大，外貌基本与迪法克 FM 系肉用鹌鹑相似（见图 4-9、图 4-10）。

图 4-9　莎维麦脱肉用鹌鹑（一）　　图 4-10　莎维麦脱肉用鹌鹑（二）

【**生产性能**】据无锡市郊区畜禽良种场鹌鹑分场引种实践，5 周龄平均体重超过 220 克，成年鹌鹑最大体重超过 450 克，料肉比为 2.4∶1。该品种母鹌鹑 35 ～ 45 日龄开产，年产蛋 250 枚以上，蛋重 13.5 ～ 14.5 克。在公母配比为 1∶2.5 时，种鹌鹑蛋受精率可达 90% 以上，孵化率超过 85%。

三、饲养品种的确定方法

我们知道，鹌鹑有以产蛋为主的蛋用鹌鹑和以产肉为主的肉用鹌鹑两大类。家庭农场在确定究竟是养殖哪一类的鹌鹑及具体品种时，要根据当地市场需要来确定。而要知道市场需要什么，就必须做好市场调查。

一是调查最适合本地饲养的品种。选择适宜的鹌鹑品种至关重要，要通过走访养殖户、农贸市场和烧烤店等同行和需求大户，了解哪个品种适合本地饲养。

二是了解目前市场需要的产品。鹌鹑的产品有鹌鹑蛋、活鹌鹑、白条鹌鹑等，由于各个市场需要的鹌鹑产品不完全相同，如烧烤店主要购买活鹌鹑和白条鹌鹑；农贸市场既销售鹌鹑蛋，又销售活鹌鹑；大型商超专柜主要是白条鹌鹑和鹌鹑蛋；网店主要销售冰鲜白条鹌鹑和鹌鹑蛋；花鸟鱼市场主要是销售当作宠物饲养的活鹌鹑，还需要鹌鹑粪用于养花肥料；副食粮油店只销售鹌鹑蛋；食品加工厂主要是收购鹌鹑蛋和活鹌鹑，然后加工五香鹌鹑蛋、鹌鹑松花蛋、鹌鹑蛋罐头、鹌鹑休闲食品等。应根据这些销售网点的特点，提前与经营者做好沟通，最好签订销售合同。还要了解销量和价格，活鹌鹑、鹌鹑蛋和白条鹌鹑哪个销量大，哪里销售的价格高，同时做好成本测算。

三是调查销售渠道。当前主要通过蛋类专业经纪人和专业合作社等销售渠道，销售地点是农贸市场、烧烤店、大型商超专柜、网店、食品加工厂、副食粮油店、花鸟鱼市场、饭店等。总之，要知道市场在哪里，要到哪里销售，需要量是多大等。

在做好市场调查的基础上，有的放矢地确定本场要养殖的具体鹌鹑品种。

> 👤 **小贴士：**
>
> 市场调查是确定最终饲养哪个品种，以及是饲养蛋用鹌鹑还是饲养肉用鹌鹑的关键步骤，此步骤不可省略，特别是新入行的鹌鹑养殖场经营者，一定要事先做好市场调查，只有符合市场需要，才能有发展前途。

四、种鹌鹑引种

引种是养殖的基础和关键环节，家庭农场引种前要全面、多方位了解供种货源，掌握相关的基本知识，要坚持比质、比价、比服务的原则，坚持就近购买的原则，避免上当受骗，才能引到货真价实的优良种鹌鹑。鹌鹑的引种分为种鹌鹑的引进和种鹌鹑蛋的引进两种。

（一）种鹌鹑的引进

1.种鹌鹑的挑选

种鹌鹑应从鹌鹑来源和公、母鹌鹑选择两方面进行挑选。

（1）种鹌鹑来源　种鹌鹑应来自非疫区、健康而高产、遗传性状稳定、品种可靠的优良鹌鹑群。

种鹌鹑必须从持有种畜禽生产经营许可证（见图4-11）的良种场引进，不得从疫区和无证场引种。鹌鹑系谱资料、生产记录、免疫接种等档案资料应完整。

图4-11　种畜禽生产经营许可证

（2）公鹌鹑选择

① 符合本品种的体貌特征。

② 体质健壮，头大，喙色深而有光泽。

③ 趾爪伸展正常，爪尖锐。

④ 眼大有神，叫声高亢响亮。

⑤ 羽毛覆盖完整而紧密，颜色深而有光泽。

⑥ 雄性特征明显，肛门呈深红色，以手轻轻挤压，有白色泡沫状物出现。

⑦ 体重达到 115 ～ 300 克。

⑧ 羽毛干净整洁，有沾粪便的一律不要。

（3）母鹌鹑选择

① 符合本品种的体貌特征。

② 体大，头小而圆，喙短而结实。

③ 眼大有神，活泼好动，颈细长。

④ 体态匀称，羽毛色彩光亮。

⑤ 胸肌发达，皮薄腹软，觅食力强。

⑥ 耻骨与胸骨末端的间距 3 指宽，左右耻骨 2 ～ 3 指宽。

⑦ 体重达到 130 ～ 150 克。

如有条件，可统计开产后 3 个月的平均产蛋率，以达到 85％以上者为选留标准。

表现不好的种用母鹌鹑应坚决淘汰作商品肉鹌鹑处理，或专门用于产商品蛋。

小贴士：

生产实践中，很多的养殖户由于不懂品种鉴别，或者对雏鹌鹑公母不会鉴别，加上在集贸市场上买鹌鹑，因此极容易出现购买到的鹌鹑品种不是自己想要的品种，或者本来要购买母鹌鹑雏可是实际购买到的鹌鹑都是人家鉴别后挑出来的公鹌鹑雏，或者是质量差的鹌鹑雏等。

家庭农场务必到饲养管理好、孵化规模大、选育工作开展好、管理规范、市场信誉好的种鹌鹑场或孵化场进雏。

2. 雏鹌鹑运输注意事项

（1）注意天气变化　春秋季运雏宜在白天，冬季运雏宜在中午，夏季运雏应在早晨，这样有利于保证适宜的温度。夏季运输尽量避开白天高温时间，尽可能在早晨和晚间凉爽时运输，从晚上7：00到次日9：00为最佳。

在调运雏鹌鹑之前，一定要注意收看调运雏鹌鹑路线沿线地区的天气预报，防止雏鹌鹑在调运途中遇到恶劣天气，给雏鹌鹑调运带来不便，而且恶劣天气肯定会影响雏鹌鹑体质，影响雏鹌鹑到场的成活率。如果遇到恶劣天气，切不可找地方躲避，而应快速赶往目的地。因为如果找地方躲避，万一恶劣天气持续时间长，造成的损失将会更大。

（2）注意防疫　种鹌鹑出场必须附有种畜禽合格证，种畜禽合格证样式见表4-1。

表4-1　种畜禽合格证样式

种畜禽合格证

NO：

供种单位名称：

《种畜禽生产经营许可证》编号				
种畜禽及其产品类别			品种（系）名称	
代次		数量	公	等级
			母	
执行标准（国家、行业、地方）				
识别号	公			
	母			

生产性能指标	
质检员（签章）	
	单位（公章）
	年 月 日签发

注：种畜禽及其产品类别请选择填写 1. 种畜禽 2. 卵 3. 精液 4. 胚胎 5. 基因 6. 其他。

河北省畜牧兽医局监制

在调运雏鹌鹑之前，要通过沿途的畜牧兽医主管部门了解沿途是否有疫区，如果有疫区，则千万不能经过，以免雏鹌鹑通过疫区感染上疾病。因为疫区不是常有，所以这一项往往最容易被养殖场户忽视，但实际这一项是最为重要的。因为如果通过疫区时不幸被感染上疫病，那就只能全部扑杀，而且也会给当地的动物卫生防疫监督工作带来极大的麻烦，给当地的家禽业生产带来巨大的损失。

在运输途中，如果遇到运输其他禽类的车辆，要尽快超过，不能尾随在车后边行走，更不能并排行驶，以防感染上传染病。

（3）就近选择调运地　因为雏鹌鹑腹腔内未吸收的卵黄可满足出壳后 1 ～ 2 天的营养需要，所以出壳后 1 ～ 2 天内是最佳的运雏时机。但对刚刚出壳的雏鹌鹑来说，还是越早到达养鹌鹑场越好，这样雏鹌鹑才能尽快地获得饮水和食物，补充体内消耗的能量。运雏的原则是越早越好，运雏时间越短越好。一般在雏鹌鹑绒毛干燥可以站立至出壳后 36 小时前这段时间均可，最佳时间是 8 ～ 12 小时内运到育雏舍，最多不要超过 36 小时，以保证雏鹌鹑按时开食、饮水。运输时间过长，对雏鹌鹑的生长发育有较大的影响。尽量不要到太远的地方调运雏鹌鹑。

（4）熟悉路况　在调运雏鹌鹑之前，一定要做好线路规划，并提前熟悉路况，防止雏鹌鹑调运过程中因道路路况不好而出现意外。因为路况不好轻则耽搁时间，使运输时间延长，造成雏鹌鹑体质虚弱，难以饲养；重者则会造成雏鹌鹑在路上发生死亡。

有高速公路的地方，运雏车辆雏鹌鹑要尽量走高速公路。因为走高速公路很少会发生堵车。而调运雏鹌鹑遇到堵车是最麻烦最头疼的一件事。堵车时，首先不知道什么时候才能通车，所以必须要将车上的雏鹌鹑箱搬下来，以便通风，当道路恢复通行的时候还要重新将这些雏鹌鹑箱装运上车，这是非常麻烦的事，而走高速公路可以减少很多不必要的麻烦。

（5）准备好运输车辆　根据距离远近、运输时间选择合适的运输工具。长途运雏最好选择带有通风装置或冷暖空调的改装客车或运货卡车，以保证雏鹌鹑散发的大量热量能够排散出去，运输过程中无论冬夏都必须保证给雏鹌鹑合适的温度。

要提前检查好运输车辆，确保运输雏鹌鹑的车辆各部位零件都安全良好，防止车辆中途抛锚。如果车辆中途发生意外抛锚，必须立即将车上的雏鹌鹑箱搬运下车，让鹌鹑透风，防止雏鹌鹑因不透风而热死。

一辆车必须要配备两个驾驶员，防止驾驶员疲劳驾驶和突然生病情况的发生。

（6）严格消毒　对运雏所用的车辆、包装盒、工具以及运雏需要的服装、鞋帽等进行认真彻底地清洗和消毒。运输雏鹌鹑的车辆，车厢内外都要彻底冲洗干净，然后再用消毒液对车身进行全身消毒，确保运输车辆干净卫生。如不彻底清洗消毒，在运输过程中处于应激状态下的雏鹌鹑，极容易因感染上这些细菌病毒而发病，给鹌鹑养殖户造成极大的经济损失。

（7）装车要求　雏鹌鹑经选雏、过数、装盒（见图4-12）后马上装车运输，不能耽误，搬运时应做到平起平放。

雏鹌鹑装箱时雏鹌鹑的密度要根据气温决定。夏天箱内雏鹌鹑密度应该小一些，防止雏鹌鹑箱内温度过高，冬天可以相对密一些。

图 4-12　装箱待运的雏鹌鹑

将车厢内温度调至 28℃左右，车厢底部铺上利于通风的板条之类的装置，装车时将雏鹌鹑盒按顺序码放，雏鹌鹑盒与车厢体之间、鹌鹑盒的排与排之间一定要留有空隙。雏鹌鹑箱装车时，车厢内的每排雏鹌鹑箱之间要留有约 40 厘米宽的走道。一是为了通风，二是方便人进去查看雏鹌鹑情况。

夏天装车的时候，要一边装雏鹌鹑箱，一边向车厢内吹风，一直吹到开车为止，这样可以避免车厢内的温度过高，也避免先装上车的雏鹌鹑在高温环境下体内水分散发得过快，降低了造成雏鹌鹑体质虚弱的可能性。

（8）安排专人看守　长途运输雏鹌鹑，应有专人看守，要做到雏鹌鹑到哪儿人到哪儿，时刻不能离开。如果路途远，每 2 小时要将装雏鹌鹑的箱子上下、前后调换一次，防止车厢内有的地方因气流通不到而造成气温过高，影响雏鹌鹑体质。

随时观察雏鹌鹑状态，检查温度是否适宜。观察到雏鹌鹑扎堆并且总不停地尖叫，说明温度低，需保温；如果雏鹌鹑伸脖张口呼吸，说明太热，需通风降温。将手伸进盒内感觉是否过热，雏鹌鹑身上是否有水汽；或用温度计插入鹌鹑盒通气孔内，刻度留在盒外，随时检查盒内温度并及时调整车内温度。避免热死、闷死、挤死、压死、冻死等情况的发生，保证运输安全。

（9）保证车辆平稳运行　在运输过程中，有的时候会因为车辆转弯、车辆颠簸震动、急刹车等，而导致雏鹌鹑箱歪侧倒塌，压死雏鹌鹑。因此，运输过程中尽量平稳行驶，速度要适中，转弯、刹车时不能过急，下坡时车速要减慢，避免车辆剧烈摇晃、颠簸、倾斜。

（10）到场后管理　雏鹌鹑到达目的地后，首先对车体消毒后再入场。然后根据系别、性别等区分，分别将雏鹌鹑放入各自的育雏舍，接下来清点鹌鹑数，挑出弱雏、残雏以及大肚脐的雏鹌鹑。最后将雏鹌鹑疏散，让其通风透气。

卸车速度要快，动作尽量轻、稳，还要注意防风和防寒。

小贴士：

雏鹌鹑个体小，而且还活泼好动，有见空隙就愿意往里钻和蹦跳的习惯。运输时既要保证装雏箱不能有大的空隙，又要保证空气流通。

（二）种鹌鹑蛋的引进

1. 种鹌鹑蛋挑选

选择种鹌鹑蛋时应考虑以下几个方面的问题：

（1）种鹌鹑蛋来源　种鹌鹑蛋应来自非疫区、健康而高产、遗传性状稳定、品种可靠的优良鹌鹑群。以开产后 4～8 个月内的种鹌鹑蛋为最佳。种鹌鹑蛋出场必须附有种畜禽合格证，种畜禽合格证样式见表4-1。

（2）新鲜程度　种鹌鹑蛋保存的时间愈短，胚胎的生活力愈强，孵化率也愈高，一般应选5天以内的种鹌鹑蛋入孵。

（3）蛋形、大小　种鹌鹑蛋要求大小合适，形状正常，呈纺锤形或卵圆形。长径3.5厘米，短径2.5厘米。淘汰过长、过圆、凹腰、两头尖等的畸形蛋。蛋用鹌鹑种蛋以10.5～12克为宜，肉用鹌鹑种蛋以16～17克为宜，过大、过小的蛋不宜用来孵化。

（4）蛋壳厚薄　蛋壳厚薄适度，蛋壳结构致密、均匀、坚实。蛋壳颜色必须符合品种特征，蛋壳表面以呈大理石块斑或斑点状的为好，呈白色或茶褐色的都不能作为种鹌鹑蛋。蛋壳有破损的，也不能作为种鹌鹑蛋。

（5）蛋壳清洁　新鲜的种鹌鹑蛋表面没有斑点或污点附着。如蛋壳较脏，可用砂纸或干布擦抹干净，消毒后再孵化，千万不能用湿布擦抹。

（6）灯光照蛋　新鲜蛋的气室小而固定；蛋黄完整，位于蛋的中央而不来回移动；蛋白无色透明；系带位于蛋黄两端呈淡色。灯光照蛋时，如蛋黄表面有血丝、蛋内容物变黑、气室歪斜、散黄或血肉斑等的蛋都不能作种蛋。外地购买种鹌鹑蛋时，可以随机抽测部分种鹌鹑蛋，打开后直接观察蛋的内容物。

2. 种鹌鹑蛋贮藏

种鹌鹑蛋应贮藏在清洁、阴凉、通风适当、光线柔和的房间里。贮藏前应对贮藏室熏蒸消毒。种鹌鹑蛋贮藏时，应将蛋的大头朝上放置。

（1）贮藏温度　贮藏时间不超过7天，贮藏温度以15～16℃为宜。贮藏时间超过7天，温度以15℃为宜。贮藏时间1～2周，以12℃为宜。贮藏时间2周以上，以10℃为宜。

（2）贮藏湿度　贮藏室内空气相对湿度以 70％～75％ 为宜。

3. 种鹌鹑蛋运输

用蛋托盛放（见图 4-13），然后装箱。运输时每个纸箱均应装满，没有移动的空间，用打包带固定。亦可采用散装的方式，在纸箱内以锯末等物作缓冲材料，一层层地放置种鹌鹑蛋。装卸时应轻取轻放。

图 4-13 蛋托盛放鹌鹑蛋

五、鹌鹑的繁殖

（一）生殖系统

1. 公鹌鹑的生殖器官

公鹌鹑的生殖器由睾丸、附睾、输精管和交媾器组成。其具有双侧睾丸，位于腹腔的背部，贴近肾脏的前端。睾丸由精细管、精管网和输出管组成，输出管集合为输精管。鹌鹑输精管是精子的重要贮存场所。睾丸都有一个附睾和一条通向交配器官的输精管，输精管的末端形成一个小乳头（已退化的雄鹌鹑的交配器官），作为一种插入器官，位于泄殖腔腹中线，据此可进行雏鹌鹑的性别鉴定。

2. 母鹌鹑的生殖器官

母鹌鹑的生殖器由卵巢和输卵管组成。右侧的卵巢和输卵管在孵化中期以后退化，仅左侧发育完善，具生殖功能。卵巢不但是形成卵子的器官，而且还累积卵黄营养物质，以满足胚胎体外发育时的营养需要。卵巢位于腹腔左侧，在左肾前叶前方的腹面，左肺的后方，以卵巢系膜韧带悬挂在腰部背侧壁上。此外，卵巢还以腹膜褶与输卵管连接。

输卵管分为 5 个部分，即漏斗部、膨大部、峡部、子宫部和阴道部，为形成蛋的器官。阴道开口于泄殖腔。

（二）种用期

公鹌鹑出壳后 30 天开始鸣叫，逐渐达到性成熟。母鹌鹑出壳 45 日龄左右开产，开产后就可配种。种鹌鹑的适宜配种年龄，以母鹌鹑 3～12 月龄，公鹌鹑 4～6 月龄最好。蛋用种鹌鹑的利用年限一般不超过 1 年，肉用种鹌鹑不超过 9 个月。

在实际饲养中，50～60 日龄的公、母鹌鹑开始配种繁殖，一般只利用 6～10 个月，然后更换新的种鹌鹑。因为母鹌鹑在产蛋后期不仅产蛋率下降，而且种鹌鹑蛋品质特别是受精率下降。蛋用种母鹌鹑利用 8～10 个月，肉用种母鹌鹑利用 6～8 个月，种公鹌鹑利用 4～6 个月。利用期的实际长短应根据品种、品系、利用目的、生物学年度的产蛋量、市场需求、种鹌鹑蛋品质、种鹌鹑蛋受精率、种鹌鹑蛋孵化率、饲养成本等而定。

鹌鹑的配种以春秋为宜，此时气候温和，种鹌鹑蛋的受精率和孵化率均较高，也有利于雏鹌鹑的生长发育。若具备适宜的温度条件，可常年交配。

（三）公母比例

鹌鹑的公母比例与品种、日龄等有关。公母比例不当，如公多母少或母多公少，都会影响受精率。适宜的公母比例：朝鲜鹌鹑和日本鹌鹑为（1∶2.5）～（1∶3.5），法国肉鹌鹑为（1∶2）～（1∶3），中国白羽鹌鹑为（1∶3）～（1∶4）。如种公鹑年轻，体质强，精液品质好，则与配母鹌鹑数可酌情增加。

（四）选种方法

目前在生产实践中大多采用蛋选、苗选和种选等三种选种方法。

1. 蛋选

蛋选即对种鹌鹑蛋进行严格的选择。种鹌鹑蛋重的遗传力较高，而且直接影响受精率、孵化率、初生重和生长发育。遗传学与生产实践也表明，在同品种内，太大的种鹌鹑蛋往往受精率较低，而过小的种鹌鹑蛋孵出的雏鹌鹑往往生活力差，因此按选种原则，应选留平均中等蛋重作为种蛋用。当然，对于肉用种鹌鹑来说，应培育大蛋系作为父本用。此外还应注意蛋壳表面的颜色、斑块和斑点的形状特征。

2. 种选

通行的方法是采用肉眼观察外貌，同时配合用手触摸予以鉴别。种公鹌鹑的羽毛覆盖完整而紧密，颜色深且富光泽，体重达标，体质结实，头大，喙色深而有光泽，吻合良好，趾爪伸展正常，爪尖锐，眼大有神。雄性特征明显，叫声高亢响亮，泄殖腺发达，能挤出泡沫状分泌物，为性成熟标志，交配力强。种母鹌鹑羽毛完整，色彩明显，头小而俊俏，眼睛明亮，颈部细长，体态匀称，耻骨与胸骨末端的间距较宽，体重达标。

3. 苗选

苗选即对初生雏鹌鹑进行选择。首先初雏的活重是蛋重的68%～70%，要剔除所有体重过轻的雏鹌鹑。凡孵化率高的雏鹌鹑，其健雏率亦高。此外要绒毛整洁、丰满而具有光泽，脐部愈合良好，腹部柔软，肛门处绒毛无污染，活泼，两脚有力，无畸形。

（五）配种技术要点

鹌鹑大多采用自然交配，人工授精在生产中应用很少。鹌鹑在早晨和傍晚性欲最旺，交配后受精率最高，以早上第一次饲喂后让其交配最好。

根据鹌鹑养殖生产和苗种培育的需要，可以采用单配、轮配、小群交配、大群配种等配种方法。这些鹌鹑配种方式介绍如下：

① 单配或轮配：单配是1只公鹌鹑配1只母鹌鹑。轮配是1只公鹌鹑配4只母鹌鹑，但必须做到每日分别在人工控制下进行间隔交配。这种配种方法很容易弄清血统，受精率高，育种场多采用。

② 小群交配：小群交配通常以2只公鹌鹑配5～7只母鹌鹑。一般种鹌鹑场多采用此种方法，受精率也很高。

③ 大群配种：通常用10只公鹌鹑配30只母鹌鹑，一般种鹌鹑场也采用。不过种鹌鹑太多，争斗现象比较严重，不但影响受精率，且种鹌鹑受伤率也增加。

> **小贴士:**
>
> 实践证明，配比不当将直接影响受精率与种鹌鹑的伤残率。一般来说以小群配种为好，因为公鹌鹑斗架少，母鹌鹑伤残率低。
>
> 种鹌鹑入笼时，应优先放置公鹌鹑，使其先熟悉环境，占据笼位顺序优势，数日后放入母鹌鹑，这样可防止众多母鹌鹑欺负少数公鹌鹑，是提高受精率的措施之一。

六、鹌鹑人工孵化技术

（一）孵化方式

由于家养鹌鹑已失去抱窝性，必须通过人工孵化或由家鸡、鸽子等代孵才能繁殖后代。常用的孵化方法有自然孵化与人工孵化两种。自然孵化可选择母鸡、母鸽代孵，人工孵化有机器孵化法、热水缸孵化法、电热毯孵化法、煤油灯孵化法、孵化箱和炕孵化法等多种孵化方法。但目前规模化养殖主要采用机器孵化法。市售的孵化机种类很多，凡用于禽蛋的孵化机均可用来孵化鹌鹑，只将蛋盘的承蛋间距改为2.6厘米即可。

（二）种鹌鹑蛋选择

应采用4个月以后种公鹌鹑，与4～8个月内种母鹌鹑所产的种鹌鹑蛋。并选择5天内的新鲜鹌鹑蛋入孵，可保证正常孵化率与健雏率。

种鹌鹑蛋新鲜度要高，花色要好，符合不白皮、不软皮、不沙眼、蛋壳结实无污染的要求；还要符合品种标准蛋重，一般蛋用鹌种蛋以 10 ～ 11.5 克为宜，肉用鹌种蛋以 13 ～ 14 克为宜；蛋形一头稍尖、一头稍圆（钝头），蛋的直径与横径比为 1：1.4 为宜。

（三）种鹌鹑蛋保存

种鹌鹑蛋贮存室要空气流通，室内要求无蚊蝇、无鼠类，室内的有害气体应在规定的卫生标准以下。放置时钝头朝上为宜，种鹌鹑蛋不宜震动，要防止冷风直吹和太阳直射，温度在 15℃左右、相对湿度 75%。雨季空气相对湿度达 90% 时，室温应升高 2℃，以利于改善孵化率。种鹌鹑蛋保存时间，夏季 7 ～ 8 天，冬季不能超过 10 天。

（四）种鹌鹑蛋消毒

为了防止种鹌鹑蛋感染各种细菌和病毒，种鹌鹑蛋在入孵前应进行一次彻底的消毒。将种鹌鹑蛋放入蛋盘内，蛋直立或稍倾斜，钝头朝上，放在蛋架车上推入孵化机内进行消毒。其消毒方法一般可采用福尔马林熏蒸法，用药量为每立方米用福尔马林 28 毫升、高锰酸钾 14 克，熏蒸时间为 2 小时，然后排出气体。

（五）孵化

1. 温度

在室温 20 ～ 22℃时，整批入孵宜用变温孵化制。用立体孵化器（见图 4-14）整批孵化时的温度为：第 1 ～ 5 天，38.9 ～ 39.2℃；第 6 ～ 10 天，38.6 ～ 38.9℃；第 11 ～ 15 天，38.1 ～ 38.6℃；第 16 ～ 17 天，36.7 ～ 37.2℃。如果每 5 天入孵一批，宜采用恒温孵化制。即空箱入孵第一批鹌鹑蛋，其孵化温度为 38.1 ～ 38.6℃，至第 6 天；第二批鹌鹑蛋入孵后则固定为 37.8℃，恒温孵化至第 15 天；落盘至出雏改为

36.7 ～ 37.2℃。孵化室的温度也会影响孵化机的温度,因此孵化室要保持干燥,以 20 ～ 25℃为宜。

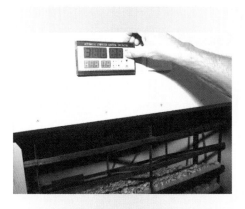

图 4-14 立体孵化器

2. 湿度

相对湿度应掌握"两头高,中间低"的原则,即 1 ～ 5 天保持 55％～ 60％,6 ～ 12 天降至 50％～ 55％,13 ～ 17 天提高到 65％～ 75％。出雏率达 95％后,应降低湿度至 55％,以利胎毛变干。

可用水盘的数量及其内的盛水量来对湿度进行调节。孵化室内的湿度对孵化器内的湿度也会造成影响,因此,孵化室的相对湿度最好保持在 60％～ 70％。湿度过低,可在地面洒水;湿度过高,应加强通风,促使水分散发。

3. 通风

随着胚胎的生长发育,其需氧量及排出的二氧化碳量不断增加，应及时做好孵化器内的通风，以补足氧气，排出二氧化碳，特别是孵化的中后期尤应注意，否则会发生死胚多、畸形鹌鹑多的现象。

孵化器内的通风可通过孵化器上的进出气孔来加以控制。孵化前8天，每天打开进出气孔换气1～2次；8天以后，适当增加换气次数。在孵化器内有出雏的情况下，通气孔应当全部打开，以利于雏鹌鹑呼吸，否则，正在破壳的胚胎或才出壳的雏鹌鹑就会闷死。但要注意不能有过堂风或风量太大。

4. 翻蛋

翻蛋使种鹌鹑蛋受热均匀，促进胚胎的活动和防止胚胎与蛋壳粘连。降低死胚率，提高孵化率和孵化质量。翻蛋的方法、要求、次数及时间，因孵化器类型及胚龄的不同而有别。

从种鹌鹑蛋入孵当天开始翻蛋，至出雏前2～3天落盘时止，一般每昼夜翻蛋3～12次。实际生产中，常采用白天每小时翻蛋1次，黑夜3小时翻蛋1次。翻蛋角度要求翻转90°。

注意当孵化温度过高时，特别是孵化后期胚胎散热较多时，宜先进行适当凉蛋降温，而不能继续按时翻蛋，以免经翻蛋引起死伤，待温度趋于正常后再行翻蛋。

5. 凉蛋

在孵化过程中，胚胎发育到中后期会产生大量热量，当孵化温度偏高时，应先行凉蛋，不能立即翻蛋，温度趋于正常后方可翻蛋，以减少死胚率。凉蛋可以更换孵化器内的空气，降低机温，排出机内污浊气体。而较低的气温可以刺激胚胎发育，并增强雏鹌鹑将来对外界气温的适应能力。一般每天需要凉蛋2次。凉蛋的时间因不同的孵化时期、不同的季节而异。孵化初期及冬天，凉蛋时间不宜长；孵化后期及夏天，凉蛋时间稍长。一般凉蛋时间为 10 ～ 20 分钟，凉蛋至蛋温下降到 30 ～ 35℃即应停止。检测凉蛋的简易方法可用眼皮来试温，稍感微凉即可。

6. 照蛋

为了了解胚胎是否发育以及发育情况，孵化过程中一般要进行两次照蛋。

第一次照蛋（头照）在种鹌鹑蛋入孵 5 ～ 6 天进行，目的是检查种鹌鹑蛋是否受精，以便剔出淘汰无精蛋。发育正常的胚蛋，气室透明，其余部分呈淡红色，用照蛋器透视，可看到将来要形成心脏的红色斑点，以及以红色斑点为中心向四周辐射扩散的有如树枝状的血丝。无精蛋的蛋黄悬浮在蛋的中央，蛋体透明。死精蛋蛋内混浊，也可见到血环、血弧、血点或断了的血管，这是胚胎发育中止的蛋，应剔出加以淘汰。

第二次照蛋（二照）在入孵后 10 ～ 12 天进行，目的是检出死胚蛋。此时胚胎发育正常的种鹌鹑蛋气室变大且边界明显，其余部分呈暗色。死胚蛋则蛋内显出黑影，两头发亮。易于鉴别。

照蛋时间稍长，易使蛋温骤然下降，尤其在冬天，因此必要时增加室温，以免孵化率受影响。如果种鹌鹑蛋的受精率在 90％以上，可不必照蛋。或头照时证实种鹌鹑蛋受精率很高，也可以不进行二照。这样做既可以减少种鹌鹑蛋的破损率，又可节约劳动力，孵化质量也不受影响。

一般用鹌鹑蛋专用照蛋器进行照蛋，亦可使用鸡蛋用照蛋器。

7. 落盘

种鹌鹑蛋孵化全 15 天时，将蛋由蛋盘移至出雏盘内，叫作落盘。落盘的蛋要平放在出雏盘上。

落盘的蛋，蛋数不可太少，太少温度不够；但也不能过多，过多容易造成热量难以散发及新鲜空气供应不足，导致胚胎热死或闷死。

落盘的种鹌鹑蛋平放后停止翻动，温度保持在 35～36℃，等待出雏。如果温度不够高，可在种鹌鹑蛋上加盖棉毡或棉胎，以提高温度。

8. 出雏

如果孵化条件恰当，种鹌鹑蛋孵至第 16 天开始啄壳出雏，第 17 天为出雏高峰。如温度比较均匀，一般可在 2～3 小时内出壳完毕。在立体孵化器内，由于层次不同，温度不均匀，出雏时间会延长一昼夜。

在孵化过程中对于那些难以出壳的雏鹌鹑，可采取人工破壳助产。若内膜为白色，血管尚未收缩暂不要动，待内壳膜为橘黄色时方可撕破，将雏头拉出，再放入出雏盘内令其自动出壳。

雏鹌鹑刚出壳时全身湿透，且很疲劳。但几小时后，羽毛干燥，体力恢复。雏鹑即会乱蹦乱跳，异常活跃。当出雏超过 50％时，应将已出壳的雏鹌鹑捡出，以防止尚未孵化出雏的胚蛋受到它们的干扰。出壳后的雏鹌鹑应分雌雄，以便分开饲养。

孵化器内的温度为 35～36℃，因而取出的雏鹌鹑不能突然放于冷的地方，而应将其放在预先准备好的保温育雏箱内或笼内，让其充分休息和恢复体力。如果雏鹌鹑要外运，应将雏鹑装入运输专用箱内，及时运出。育雏箱内或运输专用箱内，不能铺垫光滑的纸类。因为雏鹌鹑在光滑表面上难以站稳，两脚极易打滑叉开，长期下来鹌鹑的脚就会变成畸形。因而应用麻袋布或粗棉布等一类东西作垫料。

（六）清盘

出雏后的蛋壳、"毛蛋"、垫纸等要及时清除干净，然后将孵化室、孵化器、蛋盘等冲刷干净、晾干。在第二次使用前重新进行消毒。

（七）雏鹌鹑雌雄鉴别

雏鹌鹑雌雄鉴别有肛门鉴别法和自别雌雄法。

① 肛门鉴别法：在鉴别雏鹌鹑雌雄时，首先用左手的拇指、食指和中指捏住雏体，使其头朝下，背靠手心，再用右手的食指和拇指将泄殖腔上下扒开。若泄殖腔黏膜呈黄色，下壁的中央有小突起，即为雄性。若呈淡黄色，没有突起，即为雌性。这就是肛门鉴别法区别雌雄的原则。但此法易伤害雏鹌鹑，操作应轻巧迅速（见视频4-4）。

据有关资料，采用此法进行初生雏鹌鹑的雌雄鉴别，一小时可以鉴别1000只左右，准确率达到99%以上。但是有些雏鹌鹑的泄殖腔周围壁只是一部分呈淡黑色，而另一部分则呈黄色，这就很难判断雌雄了。因此，最好在肛门鉴别后进行剖检，以便积累经验，不断提高鉴别的准确率。

视频4-4公母鹌鹑的区别

② 自别雌雄法：利用特定配套系和伴性遗传原理，幼鹌鹑雌雄毛色各异，即可自行区别。中国白羽鹌鹑与栗褐色朝鲜鹌鹑或法国肉用鹌鹑杂交，其杂交一代淡黄色为雌鹌鹑，栗褐色为雄鹌鹑，自别准确率为100%。

第五章

鹌鹑的饲料保障

一、鹌鹑的营养需要及其作用

鹌鹑的营养需要有能量、蛋白质、矿物质、维生素和水等，这些对鹌鹑的生长发育及生产起着决定性的作用。

（一）能量的需要

鹌鹑在整个生命活动中，每天从体表散发的热量为62.76～66.94千焦。新陈代谢和采食、运动等需要消耗能量，生长和产蛋需要消耗能量。所有这些能量都来源于饲料中的碳水化合物、脂肪和部分蛋白质。但饲料中所含能量并不能全部被利用，一部分随粪便排出，一部分随体表散失。因而能量需不断地得到补充。

（二）蛋白质的需要

鹌鹑生长迅速、性早熟、产蛋多，因而代谢旺盛，对营养物质需求高。但由于身体小，消化道短，消化能力不及其他禽类，因此，鹌鹑对日粮营养水平要求较高，特别是蛋白质要求高。

鹌鹑蛋中含蛋白质 12.3％，鹌鹑肉中含蛋白质 22.2％。蛋白质是生命活动的基础，是生长、繁殖和组织更新的主要原料，同时也是组成抗体的主要成分。

产蛋鹌鹑每天需要蛋白质 5 克左右，或日粮中需含蛋白质 24％左右；生长鹌鹑的饲料应含蛋白质 20％～ 24％；肉用鹌鹑的饲料应含蛋白质 24％～ 25％。

（三）矿物质的需要

矿物质元素可分为常量元素（体内含量占体重 0.01％以上者和微量元素（体内含量占体重 0.01％以下）。矿物质在鹌鹑体内总的含量不多，只占 3％～ 4％，其需要量虽然小，但在生命活动、生长发育和产蛋过程中是不可缺少的。如果矿物质供应不足或缺乏，轻则生产力下降，生长发育缓慢，重则患病死亡。现已知鹌鹑需要的矿物质元素约有 18 种，常量元素有钙、磷、钾、镁、钠、氯等；微量元素有碘、锰、铁、锌、铜、钴、钼等。

1. 钙和磷

钙是形成骨骼、蛋壳的重要成分，与神经功能、肌肉活动、血液凝固有关。磷是形成骨骼的主要成分，与能量、脂肪的代谢及蛋白质的合成有关，是细胞膜的组成成分。钙和磷缺乏或比例失调，都会引起雏鹌鹑软骨病、佝偻病，以致发育不良；也可造成母鹑的骨质疏松症或软骨病，产薄壳蛋，产蛋量下降甚至停产；导致种鹌鹑蛋孵化率降低及缺磷异食癖等。一般雏鹌鹑饲料中钙磷比例为 2∶1，产蛋鹌鹑日粮中钙的含量为 2.5％～ 3.9％，磷含量为 0.8％，钙磷比例为 4∶1。为防止饲料中钙磷比例失调，在饲料中要添加一定的骨粉、石灰石粉和维生素 D 等。

2. 钠和氯

钠可保证体内正常渗透压和酸碱平衡，与肌肉收缩、胆汁形成有关。氯除保证体内渗透压外，主要是形成胃液中的盐酸，与蛋白质消化吸收有关。通常以食盐的方式供给，鹌鹑对食盐的需要量为日粮的 0.3%。食盐缺乏可引起鹌鹑食欲不振，消化障碍，脂肪和蛋白质的合成受阻，啄癖；成年鹌鹑体重减轻，产蛋减少，蛋重减轻。食盐过量则发生中毒。缺氯抑制生长，使其对噪声过敏。

3. 钾

钾保证体内正常渗透压和酸碱平衡，与肌肉活动和碳水化合物的代谢有关。缺钾时生长停滞、消瘦、肌肉软弱，过多影响镁的吸收利用。

4. 镁

镁是骨骼的主要成分，能降低组织的兴奋性，与能量代谢有关。缺镁易造成兴奋、过敏、痉挛、食欲下降等。

5. 硫

硫是甲硫氨酸、脯氨酸等的主要成分，有助于形成羽毛、组织，组成维生素和生物素等，与能量、碳水化合物和脂肪代谢有关。缺硫生长停滞，羽毛发育不良。

6. 铁

铁为血红素的组成成分，保证体内氧的运送。缺铁容易出现贫血，抗病力下降，体重增加缓慢。

7. 铜

铜为血红素形成所必需，与骨骼发育、羽毛生长和色素沉着有关。缺铜会影响钙、磷的吸收，羽毛颜色暗淡，易断；跛足。铜过量会引起肾脏的损害等中毒现象，也会引起缺铁和缺锌。

8. 锰

锰为骨的组成成分，与蛋白质、脂类的代谢有关。缺乏时，雏鹑骨骼发育不良，易患滑腱症，腿短而弯曲，关冲肿大，还会出现运动失调、生长不良、体重下降；成年鹑体重减轻，产蛋减少，蛋壳变薄，孵化率降低。缺锰时，一般在每5千克饲料中加入1毫克硫酸锰即可。

9. 硒

硒为谷胱甘肽过氧化酶的组成成分，能防止细胞膜被代谢中生成的过氧化物氧化破坏。缺硒容易出现白肌病，也容易出现渗出性素质病，在胸部皮下较为明显。缺硒时雏鹑的死亡率会升高。

10. 锌

锌是骨和羽毛发育所必需的，与蛋白质合成有关。缺锌羽毛蓬乱，无光，腿角质鳞化，生长缓慢，产蛋率下降，饲料转化率降低。

11. 碘

碘为甲状腺素的组成成分，与蛋白质、脂肪代谢有关。缺碘易造成甲状腺肿。

12. 钴

钴为维生素B_{12}的组成成分。缺钴生长迟缓，孵化率降低。

（四）维生素的需要

维生素对鹌鹑的生长发育及各种生命活动具有重要的作用，

大多数维生素不能在体内合成，必须由饲料中供给。缺少任何一种，都会给生长和生产带来不利影响。对鹌鹑来说维生素 A、维生素 D、维生素 E、维生素 K 和 B 族维生素的补充尤其重要。

1. 维生素 A

维生素 A 有促进生长、维持上皮细胞完整性的作用，为眼内视紫质的组成成分。缺乏时雏鹌鹑生长缓慢，羽毛干枯，眼干燥症眼病，夜盲，步态不稳。种鹌鹑缺乏时，产蛋率降低，种鹌鹑蛋受精率、孵化率降低，胚胎早期死亡增加。

2. 维生素 D

维生素 D 主要影响钙、磷的吸收代谢，缺乏时症状同钙、磷缺乏时一样。

3. 维生素 E

维生素 E 也叫生育酚，是保证正常繁殖所必需的，对提高鹌鹑的繁殖率有极大的帮助。而且还有抗氧化作用，缺乏时一是产蛋率、孵化率降低；二是容易出现小脑软化症、渗出性素质病，有时如同缺硒症状。

4. 维生素 K

维生素 K 参与凝血过程。缺乏时全身出血，不易凝固。

5. 维生素 B_1

维生素 B_1 也叫硫胺素，是一种含硫的维生素，参与能量代谢，与神经、肌肉、胃肠的活动有关。缺乏时食欲减退，体重减轻，易发生多发性神经炎（头后仰），产蛋减少。

6. 维生素 B_2

维生素 B_2 也叫核黄素，参与能量代谢和蛋白质、脂肪代谢过程，与视觉有关。缺乏时鹌鹑生长发育受阻，影响物质代谢；种鹌鹑蛋孵化率降低，趾爪向内弯曲。

7. 维生素 B_5

维生素 B_5 也叫泛酸，参与能量代谢。缺乏时精神不振，羽毛粗乱，口角和趾部形成痂皮，眼分泌物增多，致使眼睑黏合；生长迟缓，皮炎、脱毛，胚胎易死亡。

8. 维生素 B_6

维生素 B_6 也叫吡哆素，参与蛋白质代谢，与红细胞形成以及内分泌有关。缺乏时食欲不振，生长发育速度降低，羽毛不正常，有时出现高度兴奋和痉挛；产蛋少，孵化率降低。

9. 烟酸

烟酸也称作维生素 B_3、维生素 PP，在代谢过程中起传递氢的作用，与维持皮肤、消化器官和神经系统的机能正常有关。缺乏时主要表现精神不振、食欲不佳、体重减轻、羽毛生长不良，舌和口腔易发炎。

10. 维生素 B_{12}

维生素 B_{12} 促进红细胞发育成熟，参与动物体内生物合成，促进胆碱的生成和叶酸的利用。缺乏时雏鹑生长发育缓慢，饲料转化率降低，贫血，肌胃表膜发炎；成年鹌鹑产蛋量减少；种鹌鹑蛋孵化率降低。

11. 胆碱

胆碱参与脂肪代谢，影响神经传递。缺乏时易患脂肪肝，肾出血，滑腱症。

12.生物素

生物素与脂肪、碳水化合物的代谢有关。缺乏时易患皮炎、滑腱症，孵化率降低。

13.维生素 C

维生素 C 又叫抗坏血酸，是形成胶原纤维所需的，影响骨、齿与软组织细胞间质的结构。缺乏时食欲不振、口腔炎、贫血，抗应激能力降低等。

（五）水的需要

鹌鹑整个机体含水量为70％以上，又是蛋、体液、细胞的重要组成部分。鹌鹑的消化吸收、排泄、调节体温、呼吸等均离不开水。如果鹌鹑得不到充足、清洁的饮水，则生长缓慢，产蛋减少或停止。停水 8 小时，产蛋明显减少，且很难在短时间内得到恢复。停水 36 小时，鹌鹑会陆续死亡，因而饮水必须保证。冬季应饮温水，以防鹌鹑肠胃受寒。

二、鹌鹑的营养需要量

鹌鹑的营养需要量，是指鹌鹑在最适宜环境条件下，正常、健康生长或达到理想生产成绩时对各种营养物质种类和数量的最低要求，对鹌鹑生产具有广泛的参考意义。有关鹌鹑的营养需要量详见表 5-1 ～表 5-3。

表 5-1　美国 NRC（1994）鹌鹑的营养需要量

营养物质	0 ～ 6 周龄	大于 6 周龄	种鹌鹑
代谢能 /（兆焦 / 千克）	11.72	11.72	11.72
蛋白质 /%	26	20	24

营养物质	0 ~ 6 周龄	大于 6 周龄	种鹌鹑
甲硫氨酸＋胱氨酸 /%	1	0.75	0.9
亚油酸 /%	1	1	1
钙 /%	0.65	0.65	2.4
非植酸磷 /%	0.45	0.3	0.7
钠 /%	0.15	0.15	0.15
氯 /%	0.11	0.11	0.11
碘 /（毫克 / 千克）	0.3	0.3	0.3
胆碱 /（毫克 / 千克）	1500	1500	1000
尼克酸 /（毫克 / 千克）	30	30	20
泛酸 /（毫克 / 千克）	12	9	15
核黄素 /（毫克 / 千克）	3.8	3	4

表 5-2　美国 NRC（1994）日本鹌鹑日粮中营养物质需要量（干物质 =90%）

营养物质	雏鹌和生长鹌鹑	种鹌鹑
代谢能 /（兆焦 / 千克）	12.13	12.13
蛋白质 /%	24	20
精氨酸 /%	1.25	1.26
甘氨酸＋丝氨酸 /%	1.15	1.17
组氨酸 /%	0.36	0.42
异亮氨酸 /%	0.98	0.9
亮氨酸 /%	1.69	1.42
赖氨酸 /%	1.3	1
甲硫氨酸 /%	0.5	0.45
甲硫氨酸＋胱氨酸 /%	0.75	0.7
苯丙氨酸 /%	0.96	0.78
苯丙氨酸＋酪氨酸 /%	1.8	1.4
苏氨酸 /%	1.02	0.74
色氨酸 /%	0.22	0.19
缬氨酸 /%	0.95	0.92
亚油酸 /%	1	1
钙 /%	0.8	2.5

营养物质	雏鹌鹑和生长鹌鹑	种鹌鹑
氯 /%	0.14	0.14
镁 /%	300	500
非植酸磷 /%	0.3	0.35
钾 /%	0.4	0.4
钠 /%	0.15	0.15
铜 /（毫克 / 千克）	5	5
碘 /（毫克 / 千克）	0.3	0.3
铁 /（毫克 / 千克）	120	60
锰 /（毫克 / 千克）	60	60
硒 /（毫克 / 千克）	0.2	0.2
锌 /（毫克 / 千克）	25	50
维生素 A/（国际单位 / 千克）	1650	3300
维生素 D_3/（国际单位 / 千克）	750	900
维生素 E/（国际单位 / 千克）	12	25
维生素 K/（毫克 / 千克）	1	1
维生素 B_{12}/（毫克 / 千克）	0.003	0.003
生物素 /（毫克 / 千克）	0.3	0.15
胆碱 /（毫克 / 千克）	2000	1500
叶酸 /（毫克 / 千克）	1	1
尼克酸 /（毫克 / 千克）	40	20
泛酸 /（毫克 / 千克）	10	15
吡哆酸 /（毫克 / 千克）	3	3
核黄素 /（毫克 / 千克）	4	4
硫胺素 /（毫克 / 千克）	2	2

表 5-3 法国 AEC（1993）鹌鹑日粮营养需要

营养成分	0 ~ 3 周龄	4 ~ 7 周龄	种鹌鹑
代谢能 /（兆焦 / 千克）	12.13	12.97	11.72
粗蛋白质 /（克 / 天）	24.5	19.5	20
赖氨酸 /（毫克 / 天）	1.41	1.15	1.1
甲硫氨酸 /（毫克 / 天）	0.44	0.38	0.44
甲硫氨酸＋胱氨酸 /（毫克 / 天）	0.95	0.84	0.79

营养成分	0 ~ 3周龄	4 ~ 7周龄	种鹌鹑
苏氨酸 /（毫克 / 天）	0.78	0.74	0.64
色氨酸 /（毫克 / 天）	0.2	0.19	0.21
钙 /（克 / 天）	1	0.9	0.35
总磷 /（克 / 天）	0.7	0.65	0.68
有效磷 /（克 / 天）	0.45	0.4	0.43

小贴士：

通常我们实际生产的环境条件一般难达到制定营养需要所规定的条件要求。因此，应用营养需要中的定额，应适当考虑一定程度的保险系数，这样才能真正满足鹌鹑的营养需要。

三、鹌鹑的消化生理特点

① 鹌鹑的喙细而长，应采食粒度较小的饲料。

② 鹌鹑的口腔很简单，没有唇和牙齿，饲料经唾液湿润后被吞咽，在肌胃内（俗称砂囊）磨碎，并被胃内分泌的胃液消化。由于鹌鹑的嗉囊较小，储存饲料的能力较差，需要少喂勤添，勿使其饥饿与断水。

③ 消化道较短，饲料存留的时间较短，因其生长速度快，粗纤维消化能力较弱，所以需要低纤维、高能量、高蛋白的饲料。配合饲料中粗纤维不能超过 3%～ 5%。

④ 鹌鹑的胃包括腺胃和肌胃。肌胃内含有沙砾，收缩时有助于磨碎饲料。当缺乏沙砾时，消化率下降，粪便中会有整粒食物出现。因此，平时应在鹌鹑舍内设置沙槽，或在饲料中

加入 1%～2% 的沙砾，供鹌鹑食用。

⑤ 鹌鹑每天的产蛋高峰主要集中在中午到下午，早上开始有光照的时候就要开始饲喂。

⑥ 直肠很短，不能贮存粪便，故排便不定时。

⑦ 泄殖腔是与肛门相连的扩张部。大肠内形成的粪便，排入泄殖腔，在泄殖腔中与尿液混合，在粪便表面形成白色的薄膜（尿酸结晶），一起排出体外。

👤 小贴士：

养鹌鹑首先要了解鹌鹑对饲料的喜好、采食习惯、消化特点等基本常识。因为这些习性是鹌鹑本身具有的，不能或不宜人为改变，因此养殖人员在饲养和管理过程中只有满足鹌鹑的这些习性，才能取得良好的饲养效果。

四、鹌鹑的常用饲料原料

鹌鹑的常用饲料有能量饲料、蛋白质饲料、矿物质饲料、维生素饲料和饲料添加剂等。

（一）能量饲料

鹌鹑常用的能量饲料有禾谷类籽实、糠麸类、糟渣类以及块根、块茎和瓜类等饲料。

1. 禾谷类籽实

禾谷类籽实饲料是提供鹌鹑能量的最主要饲料。常用的原料有玉米、小麦、大麦、高粱、碎大米等。禾谷类籽实饲料的干物质消化率高达 70%～90%；无氮浸出物含量高达 70%～80%；纤维含量低，为 3%～8%；粗脂肪含量 2%～5%；粗灰分含量 1.5%～4%。禾谷类籽实中蛋白质含量低而且品质差，粗蛋白含量一般为 4%～8%，赖氨酸、甲硫氨酸和色氨酸等必需氨基酸含量少。磷含量高，钙含量低，磷含量为 0.31%～0.45%，但磷是以植酸磷的形式存在，家禽对其利用率很低。B 族维生素和 E 族维生素含量丰富，但维生素 A 和维生素 D 缺乏。

（1）玉米　玉米的能量含量在禾谷类籽实中居首位，其用量超过任何其他能量饲料，是畜禽生产的主要饲料粮，在各类配合饲料中占 50%以上。所以玉米被称为"饲料之王"。

玉米适口性好，粗纤维含量很少，而无氮浸出物高达 74%～80%，而且主要是淀粉，消化率高达 90%；脂肪含量可达 3.5%～4.5%，可利用能值高，是鹌鹑的重要能量饲料来源。玉米中必需脂肪酸含量高达 2%，是禾谷类籽实饲料中最高者。但玉米的蛋白质含量低（7%～9%），而且品质差；玉米氨基酸组成不平衡，特别是赖氨酸、甲硫氨酸及色氨酸含量低，当玉米用量过大时，应适当补充必需氨基酸，以保证日粮的氨基酸平衡。玉米营养成分的含量不仅受品种、产地、成熟度等条件的影响，同时玉米水分含量也影响各营养素的含量。玉米水分含量过高，还容易腐败、霉变而感染黄曲霉菌。因不饱和脂肪酸含量高，玉米经粉碎后，易吸水、结块、霉变，不便保存。因此一般玉米要整粒保存，且贮存时水分应降低至 14%以下，夏季贮存温度不超过 25℃，注意通风、防潮等。

玉米在鹌鹑配合料中占 35%～65%。要求必须是无霉变、无虫蛀、籽粒饱满的玉米，现配现用。

（2）高粱　高粱的籽实是一种重要的能量饲料，高粱磨的米与玉米一样，主要成分为淀粉，粗纤维少，可消化养分高。高粱的养分含量变化比玉米大，粗蛋白含量和粗脂肪含量与玉米相差不多，蛋白质略高于玉米。同玉米相比，更容易消化。同玉米一样，钙含量少，非植酸磷含量较多，矿物质中锰、铁含量比玉米高，钠含量比玉米低。缺乏胡萝卜素及维生素D，B族维生素含量与玉米相当，烟酸含量多。

另外高粱中含有单宁（鞣酸），有苦味，适口性差，含有抗营养因子。因此，鹌鹑配合饲料中用量不宜超过10%，粉碎成粗粉使用。使用单宁含量高的高粱时，还应注意添加维生素A、甲硫氨酸、赖氨酸、胆碱和必需脂肪酸等。

（3）小麦　小麦是人类最主要的粮食作物之一，营养价值高，适口性好。在来源充足或玉米价格高时，小麦可作为鹌鹑的主要能量饲料。

小麦的代谢能是玉米的90%。小麦中的营养成分比较容易消化。蛋白质含量高于其他禾谷类籽实饲料，有的品种甚至高过玉米一倍；赖氨酸含量较高，而苏氨酸的含量与玉米相当。小麦氨基酸利用率与玉米没有显著差别。用小麦替代玉米作能量饲料时，配合饲料中的豆粕用量可减少。小麦总磷的含量高于玉米，而且利用率高，这是由于小麦中含有植酸酶，能分解植酸获得无机磷。小麦中总的生物素含量比玉米高，但利用率较低。如果家禽日粮主要成分是小麦（次粉），应添加生物素，一般每吨配合饲料应添加50毫克生物素。如果是玉米-豆粕日粮则不需添加。小麦的抗营养因子主要是非淀粉多糖，非淀粉多糖溶于水后可形成黏性凝胶，引起胃肠道内容物的黏度增加，阻碍单胃动物对营养物质的消化和吸收。

小麦配制饲料要制成颗粒料，或压扁、粉碎饲用，一般占日粮的10%～20%。

（4）大麦　大麦种类按栽培季节有春大麦和冬大麦；按有无麦稃，可将大麦分为有稃大麦（皮大麦）和裸大麦。裸大麦又称裸麦、元麦、青稞。很多欧洲国家用大麦作为饲料。我国大麦年产量较少，仅在局部地区如青海、西藏、四川西部用大麦作为动物的饲料，其是一种重要的饲用精料。

大麦含粗蛋白平均 12％，国产裸大麦 13％，最高达 20.3％，质量稍优于玉米；赖氨酸含量 0.52％，粗脂肪 2％，饱和脂肪酸含量高，亚油酸占 50％；无氮浸出物 66.9％，低于玉米，主要是淀粉；粗纤维 4％，钙 0.03％，磷 0.27％。胡萝卜素和维生素 D 不足，维生素 B_1 含量较多，而维生素 B_2 少，烟酸含量丰富。适口性不如玉米（原因是含有单宁，约 60％存在于稃皮，10％存在于胚芽）。

大麦因为含有不易消化的 β- 葡聚糖和阿拉伯木聚糖，饲养效果明显比玉米差，喂量过多易引起家禽肠道疾病。能值低而导致采食量和排泄量增加。大麦皮壳粗硬，不易消化，通常不适宜喂雏鹌鹑和种鹌鹑。

（5）稻谷和糙米　中国的稻谷产量居世界首位，约占世界总产量的 1/3。我国从南到北都有种植，但主要产地在长江以南。稻谷主要用作人的粮食，且在我国南方稻谷主产区，长期以来就有用糙米作饲料喂畜禽的习惯。稻谷去壳后为糙米，糙米去米糠为精白米，在加工过程中生成一部分碎米。

稻谷粗蛋白 7％～ 8％，亮氨酸稍低；粗纤维为 8％左右，主要集中于稻壳中，且半数以上为木质素等，能值较低，仅为玉米的 67％～ 85％；粗脂肪为 1.6％，主要存在于胚，组成以油酸（45％）和亚油酸（33％）为主；淀粉颗粒较小，呈多角形，易糊化；B 族维生素丰富，β- 胡萝卜素极低；含钙少，含磷多，主要是植酸磷，磷的利用率 16％。稻谷因粗纤维含量较高，在鹌鹑日粮中不宜用量太大，一般应控制在 20％以内，同时要注意与优质蛋白饲料的配合，以补充蛋白质的不足。

糙米中无氮浸出物多，蛋白质含量（8％～ 9％）及其氨基酸组成与玉米相似，碎米养分变异大，糙米饲喂鹌鹑的用量占日粮的 20％～ 40％。糙米粉碎后极易变质，不可久贮。

2. 糠麸类

糠麸类是谷实类加工的副产品。制米的副产品称为糠，制粉的副产品称作麸。糠麸类是畜禽的重要能量饲料原料。一般来说，谷实类加工产品如大米、面粉等为籽实的胚乳，而糠麸则为种皮、糊粉层、胚三部分，视加工的程度有时还包括少量的胚乳。种皮的细胞壁厚实，粗纤维很高，B 族维生素多集中在糊粉层和胚中，而且这部分蛋白质和脂肪的含量较高。胚是籽实脂肪含量最高的部位，如稻谷的胚中含油量高达 35%。因此，糠麸同原粮相比，粗蛋白、粗脂肪和粗纤维含量都很高，而无氮浸出物、消化率和有效能值低。糠麸的钙、磷含量比籽实高，但仍然是钙少磷多，且植酸磷比例大。糠麸类是 B 族维生素的良好来源，但缺乏维生素 D 和胡萝卜素。此外，这类饲料质地疏松、容积大，同籽实类搭配，可改善日粮的物理性状，主要有米糠、小麦麸、大麦麸、燕麦麸、玉米皮、高粱糠及谷糠等，其中以小麦麸和米糠占主要位置。

（1）小麦麸和次粉 小麦是人们的主食之一，但很少用整个小麦粒作为饲料，作为饲料的一般是小麦加工副产品。小麦麸和次粉均是面粉厂用小麦加工面粉时得到的副产品。小麦麸俗称麸皮，成分可因小麦面粉的加工要求不同而不同，一般由种皮、糊粉层、部分胚芽及少量胚乳组成，其中胚乳的变化最大。在精面生产过程中，大约只有 85% 的胚乳进入面粉，其余部分进入小麦麸，这种小麦麸的营养价值很高。在粗面生产过程中，胚乳基本全部进入面粉，甚至少量的糊粉层物质也进入面粉，这样生产的小麦麸营养价值就低得多。一般生产精面粉时，小麦麸约占小麦总量的 30%；生产粗面粉时，小麦麸约占小麦总量的 20%。次粉由糊粉层、胚乳和少量细麸皮组成，是磨制精粉后除去小麦麸、胚及合格面粉以外的部分。小麦加工过程可得到 23%～25% 小麦麸，3%～5% 次粉和 0.7%～1% 胚芽。小麦麸和次粉数量大，是我国畜禽常用的饲料原料。

粗蛋白含量高，为12.5%～17%，这一数值比整粒小麦含量还高，而且质量较好。与玉米和小麦籽粒相比，小麦麸和次粉的氨基酸组成较平衡，其中赖氨酸、色氨酸和苏氨酸含量均较高，特别是赖氨酸含量（0.67%）较高；粗纤维含量高。小麦种皮中粗纤维含量较高，使得小麦麸中粗纤维的含量也较高（8.5%～12%），这对小麦麸的能量价值稍有影响，使其有效能值降低，但可用来调节饲料的养分浓度。脂肪含量约4%，其中不饱和脂肪酸含量高，易氧化酸败；B族维生素及维生素E含量高，维生素 B_1 含量达8.9毫克/千克，维生素 B_2 达3.5毫克/千克，但维生素A、维生素D含量少；矿物质含量丰富，但钙（0.13%）磷（1.18%）比例极不平衡，钙磷比为1:8以上，磷多属植酸磷，约占75%，但含植酸酶，因此用这些饲料时要注意补钙。小麦麸的质地疏松，适口性好，含有适量的硫酸盐类，有轻泻作用，可防止便秘。

作为能量饲料，其饲养价值相当于玉米的65%。麸皮密度小，体积大，在日粮中配合后则容积大，可以调节日粮的能量浓度。由于鹌鹑日粮的能量浓度要求较高，所以饲喂量不宜过大，一般雏鹌鹑和产蛋鹌鹑日粮中用量为5%～10%。

（2）米糠　稻谷的加工副产品称稻糠，稻糠可分为砻糠、米糠和统糠。砻糠是粉碎的稻壳，米糠是糙米（去壳的谷粒）精制成的大米的果皮、种皮、外胚乳和糊粉层等的混合物，统糠是米糠与砻糠不同比例的混合物。一般100千克稻谷可出大米72千克，砻糠22千克，米糠6千克。米糠的品种和成分因大米精制的程度不同而不同，精制的程度越高，则胚乳中物质进入米糠越多，米糠的饲用价值越高。米糠的能值高，主要是米糠脂肪含量高，最高达22.4%，且大多属不饱和脂肪酸。蛋白质含量比大米高，平均达14%，高于大米、玉米和小麦。氨基酸平衡情况较好，其中赖氨酸、色氨酸和苏氨酸含量高于玉米。米糠的粗纤维含量不高，约为9.0%，所以有效能值较高。米糠中钙少磷多，微量元素中铁和锰含量丰富，锌、钾、镁、硅含量较高，而铜偏低。B族维生素及维生素E含量高，是核黄素的良好来源，而缺少维生素A、维生素D和维生素C。米糠是能值较高的糠麸类饲料，但含有的生长抑制剂会降低饲料转化率，未经加热处理的米糠还含有影响蛋白质消化的胰蛋白酶抑制因子。因此，一定要在新鲜时饲喂，新鲜米糠在鹌鹑日粮中可达到5%～10%。

由于米糠含脂肪较高，且大部分是不饱和脂肪酸，极易氧化酸败变质，所以贮存时间不能长，尤其是夏季高温期间，更应注意保存。最好经压榨去油后制成米糠饼（脱脂处理）再作饲用。

3. 块根、块茎和瓜类饲料

这类饲料主要有马铃薯、甘薯、芋头、甜菜、胡萝卜、南瓜等，其碳水化合物含量丰富，饲料干物质中主要是无氮浸出物，而蛋白质、粗脂肪、粗纤维、粗灰分等较少或贫乏。

块根、块茎和瓜类饲料最大的特点是容积大、水分含量高，可达75%～90%，故一般称为多汁饲料，而干物质含量低，这一点与青饲料相似。单位重量的新鲜饲料所含的营养价值较低，能值低，粗蛋白含量仅1%～2%，且一半为非蛋白质含氮物，蛋白质品质较差。干物质中粗纤维含量低，粗蛋白7%～15%，粗脂肪低于9%，无氮浸出物高达67.5%～88.15%，且主要是易消化的淀粉和戊聚糖。经过晾晒或烘干的块根块茎类饲料能值较高，有机物消化率高，钙、磷含量很少，而钾、氯含量丰富。维生素的含量因种类不同差别很大，胡萝卜、黄心甘薯和南瓜中胡萝卜素含量丰富，且胡萝卜中胡萝卜素高达每千克干物质500毫克，但其中B族维生素含量很少。

在鹌鹑饲料中，由于鲜块根块茎类饲料水分含量太高、能值低，故较少使用，可晒干或烘干制成粉后用作能量饲料原料。

4.糟渣类

糟渣类有豆腐渣和各类粉渣，含水分较多，易酸败变质，应现做现喂，且不能喂得太多。如进行发酵处理后，饲喂价值大大提高。这里主要介绍豆腐渣。

豆腐渣是来自豆腐、豆奶加工厂的副产品，为黄豆浸渍成豆乳后过滤所得的残渣。豆腐渣的干物质中蛋白质、粗纤维和粗脂肪含量较高，维生素含量低且大部分转移到豆浆中，与豆类籽实一样含有抗胰蛋白酶因子，宜添加 EM 液或饲料发酵剂等进行发酵处理后再喂鹌鹑。

5.油脂

油脂属于液体能量饲料，是油与脂的总称，按照一般习惯，在室温下呈液态的称为"油"，呈固态的称为"脂"。随温度的变化，虽然两者的形态可以互变，但其本质不变，它们都是由脂肪酸与甘油所组成。

油脂来自动植物，是畜禽重要的营养物质之一，特别是它能提供比任何其他饲料都多的能量，因而就成为配制高能饲料所不可缺少的原料。

鹌鹑饲料添加油脂，尤其不饱和脂肪酸高的油脂如大豆油、玉米油、米糠油等，可补充亚油酸，增加蛋重。炎热夏季，在饲料中加入油脂，可避免因酷热造成的食欲不振和产蛋率下降。植物油中常用米糠油、玉米油、花生油、葵花油、豆油、棕榈油等，动物性脂肪常用牛、羊、猪、禽脂肪。另外，人类不宜食用或不喜欢食用的油或油渣都可以在鹌鹑饲料中使用，作为饲料原料植物油优于动物脂肪。

生产中可将用于添加的猪油、牛油、米糠油、大豆油等，根据用量称好，放入锅中熬成油汤，然后加入葱花等调味剂，稍凉后直接拌入饲料中饲喂，养殖规模较小的畜禽专业户多采用此法；饲养畜禽量大的养殖场及饲料加工厂家多使用专用的油脂添加设备。还可以把油脂熬成黏稠状，加入一定比例的糠麸类饲料或玉米面、一定数量的抗氧化剂，搅拌均匀，夏秋季节放在水泥地面上晒干，冬春季节可烘干或压成饼块，使用时把饼块粉碎后按饲料配方添加比例加入饲料中。

要合理配用动植物脂肪，对畜禽应用脂肪通常用动物与植物脂肪配合，其比例以（1：0.5）～（1：1）为宜。添加脂肪应根据畜禽品种、生产性能、外界环境等因素，以及机体需要量合理添加，添加太少，达不到添加效果；添加太多，会影响适口性和饲料的消化吸收，并影响其他营养水平平衡。注意脂肪易氧化酸败变质，酸价大于 6 的油脂不可饲喂，否则会引起机体消化代谢紊乱。

（二）蛋白质饲料

蛋白质饲料是指饲料干物质中粗蛋白含量大于或等于20％，消化能含量超过 10.45 兆焦耳／千克，且粗纤维含量低于 18％ 的饲料。与能量饲料相比，蛋白质饲料的蛋白质含量高，且品质优良，在能量价值方面则差别不大，或者略偏高。根据其来源和属性不一样，主要包括植物性蛋白质饲料和动物性蛋白质饲料两大类。

1. 植物性蛋白质饲料

植物性蛋白质饲料包括豆类籽实及加工副产品、各类油料籽实及油饼（粕）等。植物性蛋白质饲料的蛋白质含量高（20％～50％）、品质优、必需氨基酸含量与比例优于动物性蛋白质饲料，因加工方法不同含油从 1％～10％ 不等，但存在蛋白酶抑制剂等可以阻碍蛋白质的消化。粗脂肪含量差异大，油料籽实达 15％～30％，非油料籽实仅 1％。粗纤维少。矿物质中钙少磷多，主要为植酸磷。维生素中 B 族维生素丰富，维生素 A、维生素 D 缺乏。多数含一些抗营养因子，影响其饲用价值。这里主要介绍饼（粕）类饲料。

富含脂肪的豆类籽实和油料籽实提取油后的副产品统称为饼（粕）类饲料。经压榨提油后饼状副产品为饼，而经浸提脱油后的碎片或粗粉状副产品为粕。种类有大豆饼（粕）、棉籽饼（粕）、菜籽饼（粕）、花生饼（粕）、胡麻饼（粕）、向日葵（仁）粕，还有芝麻饼（粕）、蓖麻饼（粕）、棕榈粕等。

（1）大豆饼（粕） 大豆饼（粕）是我国最常用的一种植物性蛋白质饲料，营养价值很高，大豆饼（粕）的粗蛋白含量在40%～45%之间，其中大豆粕的粗蛋白含量高于饼，去皮大豆粕粗蛋白含量可达50%。大豆饼（粕）的氨基酸组成较合理，尤其赖氨酸含量2.5%～3.0%，是所有饼（粕）类饲料中含量最高的，异亮氨酸、色氨酸含量都比较高，但甲硫氨酸含量低，仅0.5%～0.7%，故玉米-豆粕基础日粮中需要添加甲硫氨酸。粗纤维含量较低，为5%～6%。大豆饼（粕）中钙少磷多，但磷多属难以利用的植酸磷。维生素A、维生素D含量少，B族维生素除维生素B_2、维生素B_{12}外均较高。粗脂肪含量较低，尤其大豆粕的脂肪含量更低。大豆饼（粕）含有抗胰蛋白酶、尿素酶、红细胞凝集素、皂苷、甲状腺肿诱发因子、抗凝固因子等有害物质。但这些物质大都不耐热，一般在饲用前，经100～110℃，加热处理3～5分钟，即可去除这些不良物质。注意加热时间不宜太长、温度不能过高也不能过低，加热不足破坏不了毒素，则蛋白质利用率低；加热过度可导致赖氨酸等必需氨基酸的变性反应，尤其是赖氨酸消化率降低，引起畜禽生产性能下降。

合格的大豆粕从颜色上可以辨别，大豆粕的色泽从浅棕色到亮黄色。如果色泽暗红，尝之有苦味说明加热过度，氨基酸的可利用率会降低。如果色泽浅黄或呈黄绿色，尝之有豆腥味，说明加热不足，不宜使用。处理良好的大豆饼（粕）对任何阶段的鹌鹑都可使用。

（2）棉籽饼（粕）　棉籽饼是棉花籽实提取棉籽油后的副产品，一般含有32％～40％的蛋白质，产量仅次于大豆饼，是一种重要的蛋白质资源。棉籽饼因工作条件不同，其营养价值相差很大，主要影响因素是棉籽壳是否脱去及脱去程度。在油脂厂去掉的棉籽壳中，虽夹杂着部分棉仁，但粗纤维仍达48％，木质素达32％，而脱壳以前去掉的短绒含粗纤维90％。因而，在用棉花籽实加工成的油饼中，是否含有棉籽壳，或者含棉籽壳多少，是决定它可利用能量水平和蛋白质含量的主要影响因素。

棉籽饼（粕）蛋白质组成不太理想，精氨酸含量过高，达3.6％～3.8％，远高于大豆粕，是菜籽饼（粕）的2倍，仅次于花生粕；而赖氨酸含量仅1.3％～1.5％，过低，只有大豆饼（粕）的一半；甲硫氨酸也不足，约0.4％；同时，赖氨酸的利用率较差，故赖氨酸是棉籽饼（粕）的第一限制性氨基酸。饼（粕）中有效能值主要取决于粗纤维含量，即饼（粕）中含壳量。有效能值较低，主要是因为粗纤维含量较高。维生素含量受热损失较多。矿物质中磷多，但多属植酸磷，利用率低。棉酚妨碍机体对蛋白质和碳水化合物的消化吸收，对单胃畜禽有毒性，主要是游离棉酚对家禽的危害。使用前需要进行脱毒处理，去毒方法有多种，脱毒后的棉籽饼（粕）营养价值能得到提高。

由于棉籽饼（粕）的能值低，蛋白质品质和适口性较差，即使不考虑棉酚毒性，在鹌鹑配合料中也不能大量使用，通常使用量为3％～5％。

（3）菜籽饼（粕）　菜籽饼（粕）是油菜籽经机械压榨或溶剂浸提制油后的残渣。菜籽饼（粕）具有产量高，能量、蛋白质、矿物质含量较高，价格便宜等优点。榨油后饼（粕）中油脂减少，粗蛋白含量，饼含35％左右，粕38％左右。粗纤维素含量为12％，在饼（粕）类中是粗纤维含量较高的一种，无氮浸出物含量为30％，有机物消化率约为70％。菜籽饼中氨基酸含量丰富且均衡，品质接近大豆饼水平。胡萝卜素和维生素 D 的含量不足，钙、磷含量与比例比较合适，磷的含量较其他饼（粕）类高，但可利用的有效磷含量不高，所含磷的65%是利用率低的植酸磷。

菜籽饼（粕）含毒素较高，一般经去毒处理后，才能保证饲料安全。近年来国内外都培育出各种低毒油菜籽品种，使用安全，值得大力推广。"双低"（低硫苷和低芥酸）菜籽饼（粕）的营养价值较高，可代替大豆粕饲喂鹌鹑。

用毒素成分含量高的菜籽制成的饼（粕）适口性差，雏鹌鹑不宜使用，通常鹌鹑配合饲料中添加量为 3%～5%。

（4）花生饼（粕）花生饼（粕）是花生去壳后花生仁经榨（浸）油后的副产品。其营养价值仅次于大豆饼（粕），蛋白质和能量都较高，适口性也不错。由于带壳与否其质量差异大，国内一般都去壳榨油。去壳花生饼含蛋白质、能量比较高。花生饼粗蛋白含量44%，花生粕为47%。蛋白质中不溶性球蛋白占63%，水溶性蛋白质仅 7%。粗纤维含量为 4%～7%，花生饼的粗脂肪含量为 4%～7%，而花生粕的粗脂肪含量为 0.5%～2.0%。花生饼（粕）中钙少磷多，钙含量为 0.2%～0.3%、磷含量为 0.4%～0.7%，但多以植酸磷的形式存在。

花生粕中赖氨酸含量为 1.3%～2.0%，仅为大豆饼（粕）的一半左右，甲硫氨酸含量低，为 0.4%～0.5%，色氨酸含量为 0.3%～0.5%，其利用率为 84%～88%。胡萝卜素和维生素 D 极少。花生饼（粕）本身无毒素，但因脂肪含量高，长时间贮存易变质，而且容易感染黄曲霉，产生黄曲霉毒素。黄曲霉毒素毒力强，对热稳定，经加热也去除不掉，食用能致癌。因此，贮藏时应保持低温干燥的条件，防止发霉。一旦发霉，坚决不能使用，以新鲜的花生饼（粕）配制最好。

（5）玉米蛋白粉玉米蛋白粉是玉米淀粉厂的主要副产物之一，为玉米除去淀粉、胚芽、外皮后剩下的产品。正常玉米蛋白粉的色泽为金黄色，蛋白质含量越高色泽越鲜艳。玉米蛋白粉一般含蛋白质 40%～50%，高者可达 60%。玉米蛋白粉氨基酸组成不均衡，甲硫氨酸含量很高，与相同蛋白质含量的鱼粉相当，但赖氨酸和色氨酸严重不足，不及相同蛋白质含量鱼粉的 25%，且精氨酸含量较高，饲喂时应考虑氨基酸平衡，与其他蛋白质饲料配合使用。粗纤维含量低，易消化，代谢能水平接近玉米。由黄玉米制成的玉米蛋白粉含有很高的类胡萝卜素，其中主要是叶黄素和玉米黄素，是很好的着色剂。玉米蛋白粉 B 族维生素含量低，但胡萝卜素含量高。各种矿物质含量低，钙、磷含量均低。

玉米蛋白粉是高蛋白、高能量饲料，蛋白质消化率和可利用能值高，易消化吸收。在贮存和使用玉米蛋白粉的过程中，应注意霉菌含量，尤其是黄曲霉毒素含量。

（6）苜蓿草粉　紫花苜蓿茎叶柔嫩鲜美，紫花苜蓿含有 5 种维生素 B、维生素 C、维生素 E、10 种矿物质及类黄酮素、类胡萝卜素、酚型酸三种植物特有的营养素，具有很高的营养价值，是世界各国广泛种植的饲料与牧草。不论青饲、青贮、调制青干草、加工草粉、用于配合饲料或混合饲料，各类畜禽都最喜食，也是养禽业首选青饲料。

2.动物性蛋白质饲料

动物性蛋白质饲料主要是指水产、畜禽加工、缫丝及乳品业等加工副产品，主要有鱼粉、肉骨粉、蚕蛹粉、血粉、鸡蛋、小鱼、小虾、蚯蚓、蜗牛等。该类饲料的主要营养特点是：蛋白质含量高（40%～85%），氨基酸组成比较平衡，适合与植物性蛋白质饲料搭配，并含有促进动物生长的动物性蛋白因子，能促进动物对营养物质的利用；品质较好，其营养价值较高，但血粉和羽毛粉例外；碳水化合物含量低，不含粗纤维，可利用能量较高；粗灰分含量高，钙、磷含量

养鹌鹑家庭农场致富指南

丰富，比例适宜，磷全部为可利用磷，同时富含多种微量元素；维生素含量丰富（特别维生素 B_2 和维生素 B_{12}）；脂肪含量较高，虽然有效能值高，但脂肪易氧化酸败，所以不宜长时间贮藏。

（1）鱼粉　鱼粉是以一种或多种鱼类为原料，经去油、脱水、粉碎加工后的高蛋白质饲料。其为重要的动物性蛋白质添加饲料，在许多饲料中尚无法以其他饲料取代。鱼粉的主要营养特点是蛋白质含量高，品质好，生物学价值高。一般全脱脂鱼粉的粗蛋白含量高达60％以上，在所有的蛋白质补充料中，其蛋白质的营养价值最高。进口鱼粉在60％～72％，国产鱼粉稍低，一般为50％左右。其富含各种必需氨基酸，组成齐全，而且平衡，尤其是主要氨基酸与鹌鹑体组织氨基酸组成基本一致。鱼粉中不含纤维素等难以消化的物质，粗脂肪含量高，所以鱼粉的有效能值高，生产中以鱼粉为原料很容易配成高能量饲料。鱼粉富含 B 族维生素，尤以维生素 B_{12}、维生素 B_2 含量高，还含有维生素 A、维生素 D 和维生素 E 等脂溶性维生素，但在加工条件和贮存条件不良时，很容易被破坏。鱼粉是良好的矿物质来源，钙、磷的含量很高，且比例适宜，所有磷都是可利用磷。鱼粉的含硒量很高，可达 2 毫克/千克以上。此外，鱼粉中碘、锌、铁的含量也很高，并含有适量的砷。鱼粉中含有促生长的未知因子，这种物质可刺激动物生长发育。通常真空干燥法或蒸汽干燥法制成的鱼粉，蛋白质利用率比用烘烤法制成的鱼粉约高10％。鱼粉中一般含有 6％～12％ 的脂类，其中不饱和脂肪酸含量较高，极易被氧化产生异味。进口鱼粉因生产国的工艺及原料而异。质量较好的是秘鲁鱼粉及白鱼鱼粉，国产鱼粉由于原料品种、加工工艺不规范，产品质量参差不齐。因鱼粉易被大肠杆菌和沙门菌污染，使用时应严格检验，否则可造成疾病传播。

用鱼粉喂鹌鹑能显著提高鹌鹑的饲料转化率，使其增重快。鱼粉的价格昂贵，使得用量受到限制，通常在饲料中用量可占日粮的 3%～ 7%。

鱼粉在购买和使用的时候，关键是把握好质量。由于鱼粉的原料鱼不同，加工出来的鱼粉的色泽、粒度有较大的差异。有的呈细粉状，有的则可见到鱼的碎块及鱼肉纤维；其色泽有棕色、暗绿色等。优质鱼粉应该有鱼肉松的香味，而浓腥味的鱼粉多为劣质鱼粉、掺假鱼粉或假鱼粉。鱼粉的质量鉴别可从外观的色泽、粒度、气味、肉纤维及味道做初步判断，准确判断还需要化验分析。国产鱼粉含盐分较多，使用时要注意避免食盐中毒；鱼粉中脂肪含量较高，久存易发生氧化酸败，可通过添加抗氧化剂来延长贮存期。

（2）肉骨粉　肉骨粉的营养价值很高，是屠宰场或病死畜尸体等经高温、高压处理后脱脂干燥制成的，饲用价值比鱼粉稍差，但价格远低于鱼粉，因此，是很好的动物性蛋白质饲料。肉骨粉脂肪含量较高，一般粗蛋白含量 45%～ 60%，粗脂肪含量 3%～ 10%，粗纤维含量 2%～ 3%，粗灰分含量 25%～ 35%，钙含量 7%～ 10%，磷含量 3.5%～ 5.5%。肉骨粉氨基酸组成不佳，赖氨酸含量中等，但甲硫氨酸和色氨酸含量低，有的氨基酸还会因过度加热而无法吸收。脂溶性维生素 A 和维生素 D 因加工过程而被大量破坏，含量较低，但 B 族维生素含量丰富，特别是维生素 B_{12} 含量高，其他如烟酸、胆碱含量也较高。钙磷不仅含量高，且比例适宜，磷全部为可利用磷，是动物良好的钙磷供源，此外，微量元素锰、铁、锌的含量也较高。

因原料组成和肉、骨的比例以及制作工艺的不同，肉骨粉的质量及营养成分差异较大。肉骨粉的生产原料存在易感染沙门菌和掺假掺杂问题，购买时要认真检验。另外贮存不当，所含脂肪易氧化酸败，影响适口性和动物产品品质。肉骨粉容易变质腐烂，喂前应注意检查。肉骨粉雏鹌鹑饲料用量不超过 5%，成年鹌鹑可占日粮的 5%～ 10%。

（3）蚕蛹粉　蚕蛹粉是蚕蛹干燥后粉碎制成的产品。

蚕蛹粉蛋白质和脂肪含量高，含有 60％ 以上的粗蛋白和 20％～ 30％的脂肪；必需氨基酸组成可与鱼粉相当，不仅富含赖氨酸，而且含硫氨基酸、色氨酸含量比鱼粉约高出 1 倍。不脱脂蚕蛹的有效能值与鱼粉的有效能值近似，是一种高能量、高蛋白质饲料，既可用作蛋白质补充料，又可补充畜禽饲料能量不足。新鲜蚕蛹中富含核黄素，其含量是牛肝的 5 倍、卵黄的 20 倍。蚕蛹的钙磷比为（1∶4）～（1∶5），可作为配合饲料中调整钙磷比的动物性磷源饲料。

蚕蛹的主要缺点是有异味。蚕蛹中不饱和脂肪酸含量较高，而且富含亚油酸和亚麻酸，但不宜贮存。陈旧不新鲜的蚕蛹呈白色或褐色。蚕蛹可以鲜喂，或脱脂后再作饲料。蚕蛹中含有几丁质，不易消化，可通过测定"粗纤维"的方法检测其含量。优质的蚕蛹不应含有大量粗纤维，凡粗纤维含量过多为混有异物。

（4）血粉　血粉是一种黑褐色的细粉状产品，水分含量为 5％～ 8％，粗蛋白含量很高，达 80％以上，高于鱼粉和肉骨粉。血粉的有效能值随加工工艺的不同有一定差别，普通干燥血粉消化率低，而低温、喷雾干燥血粉的消化率较高，代谢能值可达 11.70 兆焦 / 千克。与其他动物性蛋白质饲料不同，血粉缺乏维生素，如核黄素含量仅为 1.5 毫克 / 千克。矿物质中钙、磷含量很低，但含有多种微量元素，如铁、铜、锌等，其中含铁量过高（2800 毫克 / 千克），这常常是限制血粉利用的主要因素。氨基酸中赖氨酸含量很高，居天然饲料之首，达到 7％～ 8％，比常用鱼粉含量还高，亮氨酸含量也高（8％左右），但甲硫氨酸（0.8％）、异亮氨酸（0.8％）、色氨酸（1.25％）含量很低，与其他饼（粕）[花生饼（粕）、棉籽饼（粕）] 搭配，可改善饲养效果。总之，血粉是蛋白质含量很高的饲料，同时又是氨基酸极不平衡的饲料。同时血粉的蛋白质消化率（60％～ 70％）也低，适口性也较差，所以它的营养价值较低。其饲喂效果也不如肉骨粉和鱼粉，在畜禽饲粮中只能少量应用，适宜用量不超过 2%。

血粉中蛋白质、氨基酸利用率与加工方法、干燥温度、时间的长短有很大关系，通常持续高温会使氨基酸的利用率降低，低温喷雾法生产的血粉优于蒸煮法生产的血粉。

（三）矿物质饲料

矿物质饲料包括人工合成的、天然单一的和多种混合的饲料，以及配合有载体或赋形剂的痕量、微量、常量元素补充料。矿物质元素在各种动植物饲料中都有一定含量，虽多少有差别，但由于动物采食饲料的多样性，可在某种程度上满足对矿物质的需要。但在舍饲条件或集约化生产条件下，矿物质元素来源受到限制，鹌鹑对它们的需要量增多，蛋鹌鹑日粮中另行添加所必需的矿物质成了唯一方法。

1. 含氯、钠饲料

含氯、钠饲料主要是食盐。食盐主要成分即氯化钠（NaCl）。钠和氯都是鹌鹑需要的重要元素，食盐是最常用又经济的钠、氯的补充物。食盐除了具有维持体液渗透压和酸碱平衡的作用外，还可刺激唾液分泌，提高饲料适口性，增强动物食欲，具有调味剂的作用。补充食盐可防止钠、氯缺乏。饲用食盐一般要求较细的粒度。美国饲料制造业协会（AFMA）建议，应 100% 通过 30 目筛。食盐中含氯 60%、含钠 40%，碘盐还含有 0.007% 的碘。此外尚有少量的钙、镁、硫等杂质，饲料用盐多为工业盐，含氯化钠 95% 以上。

食盐的补充量与动物种类和日粮组成有关。一般食盐在风干饲粮中的用量为 0.25%。添加时可直接拌在饲料中，也可以食盐为载体，制成微量元素添加剂预混料。

食盐不足可引起食欲下降，采食量降低，生产性能下降，并导致异食癖。食盐过量时，雏鹑对此较为敏感，可出现食盐中毒，甚至有死亡现象。使用含盐量高的鱼粉等饲料时应调整日粮食盐添加量，若水中含有较多的食盐，饲料中可不添加食盐。

2. 含钙饲料

常用的含钙饲料有石粉、石膏、贝壳粉和蛋壳粉等。钙源饲料很便宜，但不能用量过多，否则会影响钙磷平衡，使钙和磷的消化、吸收和代谢都受到影响。微量元素预混料常常使用石粉或贝壳粉作为稀释剂或载体，使用量占配比较大时，配料时应注意把其含钙量计算在内。

（1）石粉　石粉又称石灰石粉，由优质天然石灰石粉碎而成。天然的碳酸钙（$CaCO_3$）为白色或灰白色粉末。石粉中含纯钙35%以上，是补充钙最廉价、最方便的矿物质饲料。除用作钙源外，石粉还广泛用作微量元素预混合饲料的稀释剂或载体。石灰石粉含有氯、铁、锰、镁等。品质良好的石灰石粉与贝壳粉，必须含有约38%的钙，且镁含量不可超过0.5%，只要铅、汞、砷、氟的含量不超过安全系数，都可用于鹌鹑饲料。

（2）蛋壳粉　蛋壳粉是禽蛋加工和孵化产生的蛋壳、蛋膜及蛋白残留物经干燥灭菌、粉碎后所得的产物。禽蛋加工厂或孵化厂废弃的蛋壳，包括蛋品加工后的蛋壳和孵化出雏后的蛋壳，都残留壳膜和一些蛋白，因此除了含有34%左右钙外，还含有7%的蛋白质及0.09%的磷。蛋壳主要是由碳酸钙组成，但由于残留物不定，蛋壳粉含钙量变化较大，一般在29%～37%之间，所以产品应标明其中钙、粗蛋白含量；未标明的产品，用户应测定钙和蛋白质含量。蛋壳粉是理想的钙源饲料，利用率高，用于蛋鹌鹑、种鹌鹑饲料中，与贝壳粉同样具有增加蛋壳硬度的效果。须经干燥灭菌、粉碎后才能作为饲料使用。注意蛋壳干燥的温度应超过82℃，以保证灭菌，防止蛋白质腐败，甚至传播疾病。

（3）贝壳粉　贝壳粉是贝壳（包括蚌壳、牡蛎壳、扇贝壳、蛤蜊壳、螺蛳壳等）烘干后制成的粉状或粒状产品，含有一些有机物，呈白色、灰色、灰褐色粉末状或片状，主要成分是碳酸钙。海边堆积多年的贝壳，其内部有机质已消失，也是良好的碳酸钙饲料。饲料添加的贝壳粉含钙量应不低于33%，一般在34%～38%之间。品质好的贝壳粉杂质少，含钙高，呈白色粉状或片状。

我国沿海一带有丰富的资源，应用较多。贝壳粉内常掺杂沙石和泥土等杂质，使用时应注意检查。另外若贝肉未除尽，加之贮存不当，堆积日久易出现发霉、腐臭等情况，这会使其饲料价值显著降低，必须进行消毒灭菌处理，以免传播疾病。

3.含磷饲料

富含磷的矿物质饲料有磷酸钙类、磷酸钠类、骨粉及磷矿石等。磷补充物来源复杂，种类很多，具有以下两个特点：一是磷补充物含矿物质元素较复杂。只提供磷的矿物质饲料很少，仅限于磷酸和磷酸铵，大多数常用磷补充物除含磷外还含有其他矿物质元素如钙、钠，添加于饲料中往往还会引起这些元素含量的变化。不同磷源有着不同的利用率。二是磷补充物多含有氟及其他有毒有害物质。磷的补充物多来自矿物质磷酸盐类，由于天然磷矿中含有较多的氟、砷、铅等有毒有害元素，所以用作饲料磷补充物的产品必须经过一定的加工处理脱氟除杂，使这些有毒有害物质符合饲料要求。常用的磷补充饲料有骨粉、磷酸钙、磷酸二氢钙和磷酸氢钙等。

（1）骨粉　骨粉是各种动物骨骼经高压蒸煮、脱脂、脱胶、干燥、粉碎而得。由于加工方法的不同，成分含量及名称各不相同，是补充畜禽钙、磷需要的良好来源。当同时需要补充钙、磷时常选用骨粉，它也是我国目前常用的钙、磷补充物之一。

骨粉一般为黄褐色乃至灰白色的粉末，有肉骨蒸煮过的味道。骨粉的含氟量较低，只要杀菌消毒彻底，便可安全使用。

但由于成分变化大，来源不稳定，而且常有异臭，在国外饲料工业上的用量逐渐减少。

骨粉是我国配合饲料中常用的磷源饲料，优质骨粉含磷量可以达到12%以上，钙磷比例为2：1左右，符合动物机体的需要，同时还富含多种微量元素。一般在鹌鹑饲料中添加量为1%～2%。

值得注意的是，用简易方法生产的骨粉，即不经脱脂、脱胶和热压灭菌而直接粉碎制成的生骨粉，因含有较多的脂肪和蛋白质，易腐败变质。尤其是品质低劣、有异臭、呈灰泥色的骨粉，常携带大量病菌，用于饲料易引发疾病传播。有的兽骨收购场地，为避免蝇蛆繁殖，喷洒敌敌畏等药剂，而使骨粉带毒，这种骨粉绝对不能用作饲料。

（2）磷酸二氢钙　磷酸二氢钙纯品为白色结晶粉末，多为一水盐 $[Ca(H_2PO_4)_2 \cdot H_2O]$。市售品是以湿式法磷酸液（脱氟精制处理后再使用）或干式法磷酸液作用于磷酸二钙或磷酸三钙所制成的。因此，常含有少量未反应的碳酸钙及游离磷酸，吸湿性强，且呈酸性。该品含磷22%左右，含钙15%左右，利用率比磷酸二钙或磷酸三钙好，最适合用于水产动物饲料。由于该品磷高钙低，在配制饲粮时易于调整钙磷平衡。在使用磷酸二氢钙时，应注意进行脱氟处理，含氟量不得超过标准。

（3）磷酸氢钙　磷酸氢钙为白色或灰白色粉末或粒状产品，又分为无水盐（$CaHPO_4$）和二水盐（$CaHPO_4 \cdot 2H_2O$）两种，后者的钙、磷利用率较高。磷酸二钙一般是在干式法磷酸液或精制湿式法磷酸液中加入石灰乳或磷酸钙而制成的。市售品中除含有无水磷酸二钙外，还含少量的磷酸一钙及未反应的磷酸钙。其含钙不低于23%、磷不低于18%，钙、磷比例为3：2，接近动物需要的平衡比例。铅含量不超过50毫克/千克。磷酸氢钙的钙磷利用率高，是优质的钙磷补充料。鹌鹑日粮的磷酸氢钙不仅要控制其钙磷含量，尤其注意含氟量，必须是经过脱氟处理后合格的，氟含量不超过 0.18％的才能用。注意补饲该类饲料往往引起两种矿物质含量同时变化。

（4）磷酸钙　磷酸钙纯品为白色无臭粉末。饲料用常由磷酸废液制造，为灰色或褐色，并有臭味，分为一水盐［Ca_3（PO_4）$_2$·H_2O］和无水盐［Ca_3（PO_4）$_2$］两种，以后者居多。经脱氟处理后，称作脱氟磷酸钙，为灰白色或茶褐色粉末，含钙 29％以上，含磷 15％以上，含氟 0.12％以下。

（四）饲料添加剂

饲料添加剂是针对鹌鹑日粮中营养成分的不平衡而添加的，能平衡饲料的营养成分和保护饲料中的营养物质、促进营养物质的消化吸收、调节机体代谢、提高饲料的利用率和生产效率、促进鹌鹑的生长发育及预防某些代谢性疾病、改进动物产品品质和饲料加工性能的物质的总称。这些物质的添加量极少，一般占饲料成分的百分之几，甚至百万分之几，但其作用极为显著。据饲料添加剂的作用，我们可以把它简单地分为两种，即营养性饲料添加剂和非营养性饲料添加剂。

1. 营养性饲料添加剂

营养性饲料添加剂是指添加到配合饲料中，平衡饲料养分，提高饲料转化率，直接对动物发挥营养作用的少量或微量物质，主要包括氨基酸添加剂、维生素添加剂、微量矿物质添加剂和其他营养性添加剂。营养性添加剂是最常用最重要的一类添加剂，下面主要介绍氨基酸添加剂和维生素添加剂。

（1）氨基酸添加剂　氨基酸添加剂的主要作用是提高饲料蛋白质的利用率。饲料中添加适量的氨基酸可以提高产蛋量、生长速度和孵化率，节约蛋白质饲料。氨基酸添加剂由人工合成或通过生物发酵生产。饲料中氨基酸利用率相差很大，所有影响饲料蛋白质消化吸收的因素都影响氨基酸的有效性，必须根据可利用氨基酸的含量确定氨基酸添加的种类和数量。鹌鹑配合料中常用的氨基酸有赖氨酸、甲硫氨酸、苏氨酸、色氨酸、缬氨酸、苯丙氨酸、亮氨酸和异亮氨酸等 8 种，其中以甲硫氨酸和赖氨酸为主。氨基酸在全价饲料中的添加量一般为 0.1%～0.2%。

（2）维生素添加剂　维生素在鹌鹑体内需要量很少，但作用很大。如鹌鹑群患病、转群、运输及其他应激时，需要在饲料中另外加入维生素 C。

根据鹌鹑的营养需要，添加由多种维生素、稀释剂、抗氧化剂按比例、次序和一定的生产工艺混合而成的饲料预混剂。由于大多数维生素都有不稳定、易氧化或易被其他物质破坏失效的特点和饲料生产工艺上的要求，几乎所有的维生素制剂都要经过特殊加工处理或包被。例如，制成稳定的化合物或利用稳定物质包被等。为了满足不同使用的要求，在剂型上还有粉剂、油剂、水溶性制剂等。

由于维生素不稳定，所以对维生素饲料的包装、贮藏和使用均有严格的要求，饲料产品应密封、隔水包装，最好是真空包装；贮藏在干燥、避光、低温条件下。高浓度单项维生素制剂一般可贮存 1～2 年，所有维生素饲料产品，开封后需尽快用完。复合维生素在配合料中的添加量应比参考产品说明书推荐的添加量略高一些。湿拌料时应现喂现拌，避免长时间浸泡，以减少维生素的损失。

2. 非营养性饲料添加剂

非营养性饲料添加剂是指除营养性添加剂以外的具有特定功效的添加剂。在正常饲养管理条件下，为提高畜禽健康状况、节约饲料、提高生产能力、保持或改善饲料品质而在饲料中加入一些成分，这些成分通常本身对畜禽并没有太大的营养价值，但对促进畜禽生长、降低饲料消耗、保持畜禽健康、保持饲料品质有重要意义。其包括：驱虫药物添加剂、酶制剂、抗氧化剂、防霉剂、活菌制剂、黏结剂、抗结块剂、吸附剂和着色剂等。

3. 饲料添加剂选择与使用要求

饲料添加剂应具有该品种应有的色、味和形态特征，无发霉、变质、异味等。有害物质及微生物允许量应符合饲料卫生标准及相关标准的规定要求。

营养性饲料添加剂和非营养性饲料添加剂产品应是《饲料添加剂品种目录》所规定的品种，或是取得国务院农业行政主管部门颁发的有效期内饲料添加剂进口登记证的产品，抑或是国务院农业行政主管部门批准的新饲料添加剂品种。

国产饲料添加剂产品应是由取得饲料添加剂生产许可证的企业生产，并具有产品批准文号或中试生产产品批准文号。饲料添加剂产品的使用应遵照产品标签所规定的用法、用量使用。饲料药物添加剂使用应遵守《饲料药物添加剂使用规范》，并应注明使用的添加剂名称及用量。接收、处理和贮存应保持安全有序，防止误用和交叉污染。使用饲料药物添加剂应严格执行休药期规定。

五、鹌鹑的饲料配制

（一）鹌鹑饲料种类

养鹌鹑常用的饲料有配合饲料、浓缩饲料和添加剂预混料。

1. 配合饲料

根据肉用鹌鹑的营养需要，以多种饲料为原料，按照科学配方和加工方法制成的全价饲料。喂时不再添加其他物质，但必要时可添加骨粉等一些含钙物质。

2. 添加剂预混料

添加剂预混料是由两种（类）或两种（类）以上饲料添加剂与载体或稀释剂按一定比例配制的均匀混合物，是复合预混合饲料、微量元素预混合饲料、维生素预混合饲料的统称。不同类型的饲料如雏鹌料、仔鹌料、育肥料、种鹌料等有各自的预混料。

3. 浓缩饲料

将预混料、矿物质饲料、合成氨基酸和某些蛋白质饲料，按一定比例混合，使用前只需加入能量饲料和蛋白质饲料，就可成为浓缩饲料。浓缩饲料有 5%、10%、20%等多种，应有明确的标签说明。

（二）鹌鹑日粮配合原则

① 满足营养需要。在进行鹌鹑的饲料配合时，饲料的品种应多一些，使不同饲料的营养成分能互相补充，达到全价。配好的饲料应与饲养标准相符，既要满足鹌鹑的营养需要，又不因营养过多而使蛋鹑体内脂肪沉积，影响产蛋，造成浪费。

② 饲料来源可靠。饲料的来源应可靠，以保证配方相对稳定，饲料价格合理。

③ 饲料品质优良。注意饲料品质，不能用发霉变质的饲料。

④ 饲料体积适宜。鹌鹑的消化容积小，所以饲料的体积也应小，粗饲料用量不宜过多。

⑤ 搅拌混合均匀。各种饲料配合好后进行粉碎，一定要混合均匀，特别是一些微量成分，要采取逐级混合法。

⑥ 适口性好。高粱适口性差且易引起便秘，麸皮喂多了易腹泻，茶籽饼、棉籽饼适口性差且有毒性，鱼粉的质量和含

量差别很大，也要注意，使用花生饼时，要注意霉变。

👤 **小贴士：**

　　鹌鹑饲料的配制是养好鹌鹑的关键工作之一，配制好的饲料必须同时满足鹌鹑的营养需要、安全合法、因地制宜、相对稳定、接近饲养标准、原料多样化、搅拌均匀和粗纤维含量不能过高等要求。切记不能饲喂单一饲料或者有啥喂啥。

（三）鹌鹑日粮配合方法

1. 确定营养需要标准

　　饲养标准中规定了动物在一定条件（生长阶段、生理状况、生产水平等）下对各种营养物质的需要量。如美国 NRC（1994）《鹌鹑的营养需要量》、美国 NRC（1994）《日本鹌鹑日粮中营养物质需要量》、法国 AEC（1993）《鹌鹑日粮营养需要》，以及部分家禽公司饲养管理手册。养鹌鹑场要根据鹌鹑的品种、生长阶段选用不同营养需要标准，特别是饲养品种的饲养管理手册所列的饲养标准，对我们有很重要的参考价值。

2. 掌握常用饲料的营养价值

　　可参照最新的《中国饲料成分及营养价值表》。但是，饲料原料成分并非固定不变，要充分考虑到饲料成分及营养价值可因收获年度、季节、成熟期、加工、产地、品种、贮藏等不同而不同。还要充分考虑原料的水分、粗灰分、粗蛋白、粗纤维等的变化可能影响能值的高低。原则上要采集每批原料的主要营养成分数据，掌握常用饲料的成分及营养价值的准确数据，还要知道当地可利用的饲料及饲料副产物、饲料的利用率等。

3. 日粮配合的方法

根据确定的饲养标准、可用的饲料原料营养成分数据，进行配方设计。设计时要掌握原料的容量、饲喂方式、加工工艺、适口性和各种原料的价格等。

日粮配合方法有计算机法、正方形法、联立方程法和试验-误差法等四种方法。我们以目前普遍采用的计算机法为例介绍日粮配合方法。

饲料配方软件很多，从简单的电子制表 Excel 饲料配方系统到大型饲料生产商专用的饲料配方系统，无论采用哪种方式，都必须经过以下步骤：

① 根据饲养对象确定饲养标准，营养需要量通常代表的是特定条件下试验得出的数据，是最低需要量。实际应用中需要根据饲养的品种、生理阶段、遗传因素、环境条件、营养特点等进行适当调整，确定保险系数，使鹌鹑达到最佳生产性能。

② 参照最新版的《中国饲料成分及营养价值表》确定可用原料的营养成分，必要时可对大宗和营养价值变化大的原料的氨基酸、脂肪、水分、钙和磷等进行实测。

③ 确定用于配方原料的最低量和最高量并输入饲料配方系统。

④ 对配方结果从以下几个方面进行评估。

a. 该配方产品能否基本或完全预防动物营养缺乏症发生，微量元素的用量是重点；

b. 配方设计的营养需要是否适宜，不出现营养过量情况；

c. 配方的饲料原料种类和组成是否最适宜、最理想，整个配方有利于营养物质的吸收利用；

d. 配方产品成本是否最适宜或最低，最低成本配方的饲料应不限制鹌鹑对有效营养物质摄入，用于动物生产的单位产品饲料成本；

e. 配方设计者留给用户考虑的补充成分是否适宜；

f. 对配合的饲料取样进行化学分析，并将分析结果和预期值进行对比。如果所得结果在允许误差的范围内，说明达到饲料配制的目的。反之，如果结果在这个范围以外，说明存在问题，问题可能是出在加工过程、取样混合或配方，也可能是出在实验室。为此，送往实验室的样品应保存好，供以后参考用。

4. 实际检验

配方产品的实际饲养效果是评价配制质量的最好尺度，有条件的最好以实际饲养效果和生产的畜产品品质作为配方质量的最终评价手段。根据试验反馈情况进行修正后完成配方设计工作。

（四）鹌鹑饲料配方示例

常见的鹌鹑日粮配方，供参考。

1. 雏鹌鹑日粮配方

① 玉米 54%，豆饼 25%，鱼粉 15%，麸皮 3.5%，草粉 1%，骨粉 1.5%。

② 玉米 52%，豆饼 27%，鱼粉 10%，麸皮 5%，草粉 5%，骨粉 1%。

③ 玉米 20%，豆饼 20%，鱼粉 20%，骨粉 5%，米糠 15%，青菜 20%。

④ 玉米 20%，鱼粉 30%，骨粉 5%，米糠 25%，青菜 20%。

2. 育成鹌鹑日粮配方

① 玉米 50%，豆饼 27%，麸皮 3.7%，鱼粉 16%，粗糠

1.5％，骨粉 1.5％，食盐 0.3％。

② 玉米 56％，麸皮 3.9％，豆饼 24％，鱼粉 13％，干草粉 1％，骨粉 1.5％，食盐 0.3％，添加剂 0.3％。

③ 玉米 52％，豆饼 27％，鱼粉 10％，麸皮 5％，骨粉 1％，多维素 1％，土霉素钙盐 1.5％，微量元素 1％，细沙 1.5％。

3. 成年鹌鹑日粮配方

① 玉米 48％，豆饼 33％，淡鱼粉 6％，干草粉 5％，贝壳粉 5％，骨粉 3％，多种维生素添加剂 0.3％。

② 玉米 53％，豆饼 22％，麸皮 3.5％，鱼粉 12％，微量元素 1％，骨粉 2％，贝壳粉 3.8％，细沙 1.2％，禽用多种维生素 1.5％。

③ 玉米 54％，豆粕 15％，精料 10％，鱼粉 15％，麸皮 3.5％，骨粉 1.5％，干草粉 1％，适当添加维生素 A、维生素 B 和维生素 D。

④ 碎米粉 65％，麸皮 23％，鱼粉 12％。

⑤ 玉米 50.5％，豆饼 22％，鱼粉 14％，麸皮 3.5％，叶粉 4.2％，骨粉 2％，石粉 3.8％。

⑥ 玉米 42％，豆饼 33％，鱼粉 10％，麦麸 3％，叶粉 5％，骨粉 1％，贝壳粉 6％。

⑦ 玉米 40％～55％，豆饼 10％～20％，鱼粉 5％～10％，麦麸 5％～8％，叶粉 5％，骨粉 2％，盐 0.2％。

4. 蛋用鹌鹑日粮配方

不同产蛋阶段可以使用不同的饲料配方。

① 开产初期：玉米 42％，豆饼 22％，鱼粉 15％，麸皮 6％，玉米胚芽饼 12％，骨粉 2.5％，食盐 0.5％。

② 产蛋旺期：玉米 30％，麸皮 12％，鱼粉 30％，米糠

20%，苜蓿粉3%，骨粉4.5%，食盐0.3%，多种维生素0.1%，抗生素添加剂0.2%。

③夏季产蛋旺期：玉米10%，麸皮10%，小麦5%，米糠10%，鱼粉40%，煮熟豆类15%，贝壳粉5%，骨粉5%；或玉米15%，麸皮20%，米糠20%，鱼粉30%，煮熟豆类10%，贝壳粉5%。

④冬季产蛋旺期：玉米30%，麸皮10%，小麦10%，米糠10%，鱼粉35%，骨粉5%。

⑤产蛋后期：玉米56%，豆饼10%，鱼粉12%，蚕蛹10%，菜籽饼8%，骨粉4%。

第六章

鹌鹑的饲养管理

一、雏鹌鹑的饲养管理

通常将 1 ～ 20 日龄的鹌鹑称为雏鹌鹑。

（一）雏鹌鹑的生理特点

刚出壳时体重较小，一般初生重 7 ～ 8 克；体温较低，3 日龄以前为 39℃，比成年鹌鹑低 2 ～ 3℃，1 周后才接近成年鹌鹑体温。雏鹌鹑体表散热面积大，神经调节机能和生理机能不健全，体温调节机能较弱，难以适应外界温度变化，既怕冷又怕热，所以人工保温很重要。育雏前 15 天温度适宜有助于卵黄吸收。

羽毛的生长伴随体重的增长而进行。刚出壳时绒毛稀短，一般 1 周龄时雏鹌鹑体表的初级羽开始着生，主翼羽毛变粗，尾羽开始萌发。10 日龄的雏鹑，除腹部外，全身各处不易见到胎毛。15 日龄时，雏鹑的胎毛逐步变成初级羽。30 日龄时，雏鹌鹑的羽毛能换成永久羽，但脸颊、下颌部的羽毛要到 60

日龄方能长好。

雏鹌鹑具有一定的野性，又非常胆怯，对外界环境反应敏感，任何刺激都会导致情绪紧张而四处乱窜，影响饮食，甚至导致死亡。所以环境要相对稳定、安静，饲养人员要多和雏鹌鹑接触消除其恐惧心理，有利于整个饲养期的管理。

雏鹌鹑的嗉囊和肌胃容积小，贮存食物很少，消化机能差，消化系统需要逐渐发育完善，但新陈代谢旺盛、生长迅速。所以饲喂上要少量多次，不断供水，并给予营养均衡、含有足够优质蛋白质、容易消化的饲料，满足其生长发育的需要。

光线暗时容易扎堆相互挤压，因此要给予长光照，避免不必要的损伤。

雏鹌鹑的抗病力较其他雏禽要强，但也不能掉以轻心，因为其他禽类的多种疾病也能传染给鹌鹑，所以要做好药物预防和疫苗接种，同时避免与其他禽类混养。发病早期，若能及时处理，给予适当的药物治疗，康复会比其他禽类快。

雏鹑没有自卫能力，容易受到鼠、猫、狗、蛇、黄鼠狼、野鸟等动物的攻击，所以要有防护设施。

（二）育雏方式选择

鹌鹑的育雏采用地面平养、网上平养（见图 6-1）或立体笼养（见图 6-2，视频 6-1）均可。网上平养即在离地面 50 厘米高处，搭设铁丝网床或塑料网床，把雏鹌鹑饲养在网床上。鹌鹑的粪便可以直接落入网床下，由于雏鹌鹑基本不同粪便接触，所以减少了与病原接触而感染的机会，尤其是对防止球虫病和肠胃病有明显效果。需要注意四周围网的高度和网眼大小，高度应达到 50 厘米左右，网眼大小为 50 毫米 ×50 毫米，防止雏鹌鹑乱窜而窜出笼外。采用网上平养，要求育雏室内温度能满足雏鹑的需要。育雏室内温度可通过地下烟道、暖气、煤炉、电炉及红外线灯等取暖设备供暖来实现。立体笼养

视频 6-1 层叠式
立体笼养鹌鹑
实例

育雏常采用5层叠层式育雏笼，节省空间，便于管理，在生产中普遍采用，育雏效果较好。

图6-1　网上平养

图6-2　立体笼养

（三）育雏前准备工作

育雏前准备主要包括：育雏舍维修、育雏室及用具等清洗与消毒、饲料准备、防疫及治疗药品准备、育雏舍升温等。

1. 育雏舍维修

检查育雏舍的排风口、进风口、门窗等部位，对破损处进行维修，堵好墙面、地面的裂缝和老鼠洞，以防止老鼠及其他动物进入鹌鹑舍。

检查调整电路、通风系统和供温系统：打开电灯、电热装置、供暖设备和风机等，检查运转是否良好，如果发现异常情况则应检查维修，防止雏鹑进舍后发生意外，认真检查供电线路的接头，防止接头漏电和电线缠绕交叉发生短路引起火灾。维修损坏或更换不合格的笼网。

2. 育雏室及用具等清洗与消毒

进雏鹌鹑前，应用过氧乙酸、百毒杀、消毒王等消毒剂对鹌鹑舍屋顶、墙面、地面、笼具、承粪板、清扫用具进行喷洒消毒。使用过的鹌鹑舍应在上批鹌鹑出栏后立即清扫，用高压水枪由上至下，由内向外冲洗。要求无鹌鹑毛、粪便和灰尘，待鹌鹑舍干燥后，再用消毒药对整个鹌鹑舍进行彻底消毒。

3. 育雏用具准备

育雏用具主要包括饮水器、开食盘、料桶、牛皮纸、麻袋片、粗布片等。各种记录表格、温度计、连续注射器、滴管、刺种针、台秤和喷雾器等。垫料要求干燥、清洁、柔软，吸水性强、灰尘少，用前在消毒液中浸泡30分钟，然后用清水冲洗，置阳光下暴晒2～3小时。然后将这些用具均匀摆放到网床或者笼具上备用，并将育雏所用的各种工具放入舍内相应位置。50～100只鹌鹑配1个饮水器，20只雏鹌鹑配1个料盘，使用电热育雏伞育雏时料盘放置在离伞边缘20厘米左右的地方。

4. 熏蒸消毒

雏鹌鹑进舍前5天，将育雏用的饮水器、料盘及料桶等用具摆好，对鹌鹑舍进行熏蒸消毒。方法是每立方米空间用福尔马林20毫升、高锰酸钾10克。熏蒸时要紧闭门窗，将门窗的缝隙用纸条或胶带封住，熏蒸24小时，之后打开门窗通风2天，然后锁好备用。熏蒸消毒要求舍内温度在20～25℃之间，以保证消毒的最佳效果。

5. 饲料准备

进雏前或进雏的同时应准备5～7天的雏鹌鹑全价配合饲料。饲料储备要充足，雏鹌鹑每日每只平均采食量：3日龄

3～4克，5日龄5～7克，7日龄9～11克，11日龄13～15克，15日龄16～18克。0～6周龄累计饲料消耗为每只280克左右，根据以上消耗量准备饲料。自己配制全价饲料的，一次配料不超过3天用量，最好现用现配，以保证原料质量和加工质量。饲料原料必须做到无污染、无霉变、无掺杂使假。同时做好饲料的储存保管，饲料应保存在干燥的地方，要防止风吹、日晒、雨淋、虫害、老鼠及鸟害等。

6. 防疫及治疗药品准备

为预防和治疗一些普通病或传染病，适当地准备一些药物是必要的。如消化不良、雏白痢、球虫病、大肠杆菌病、新城疫、传染性法氏囊病、传染性支气管炎等。提前准备些消毒剂和预防性药物，如煤酚皂、紫药水、新洁尔灭、烧碱、生石灰、高锰酸钾、球痢灵、阿莫西林、黄芪多糖、电解多维、维生素C、葡萄糖、新城疫疫苗、传染性法氏囊病疫苗、传染性支气管炎疫苗和禽痘苗等。疫苗和药品应按说明书要求的储藏条件妥善保管。

7. 育雏舍升温

育雏舍要提前预温。尤其是寒冷季节，温度升高比较慢，育雏舍的预热升温时间更要提前。在秋冬季节，墙壁、地面的温度较低，因此必须提前2～3天开始预热育雏舍。只有当墙壁、地面的温度也升到一定程度之后，舍内才能维持稳定的温度，但育雏舍的温度要求因供暖的方式不同而有所差异。采用育雏伞供暖的，进雏时伞下的温度控制在35～37℃，育雏伞边缘区域的温度控制在30～32℃。采用整个舍供暖（暖气、煤炉或地炕），育雏室的室温要求保持在36～38℃。

为保证室温均匀，应做好温度测量，在育雏室两侧及中间分别挂三个温度计，育雏笼温度计应悬挂在最上层和第三层之间。平面育雏应放置在距雏鹌鹑背部相平的位置，并时刻观察温度的变化及天气变化。

（四）接雏

接雏的过程就是一个选择的过程，选择健壮的雏鹌鹑，剔除体弱、瘦小、有残疾等不合格的雏鹌鹑，雏鹌鹑选择得好，一周内的死亡率就会大大降低。

健康雏鹌鹑的选择：根据孵化经验，种鹌鹑蛋孵化 17 天以内出雏的健雏多，成活率高。健雏体格健壮、个体高大、体重在 7 克以上，羽毛蓬松、丰满、有光泽、整洁，眼大有神，活泼好动，叫声响亮，握在手中柔软富有弹性，脐部愈合良好，腹部绒毛长而密，喙和脚趾粗壮，色素鲜浓，无残疾或畸形等。

通过观察也可以判断雏鹌鹑是否是健雏：选择时用手轻拍运雏盒，抬头向发出声音的方向看或奔跑着为健雏；卧地不动、没有反应、绒毛黏着者为弱雏；用手抓住时，挣扎有力的为健雏；淘汰出壳过早、过晚，脐部愈合不良，胫干枯无光泽、喙畸形、瘸腿、瞎眼、无肛门的畸形雏和残雏。

按照饲养密度要求将雏鹌鹑放到育雏网床或育雏笼上。

（五）饮水和开食

雏鹌鹑一般是先饮水，后喂料。应及时为雏鹌鹑供给温水，补充体内所耗水分，否则会绒毛发脆，影响健康。远距离引种的或长时间不供水，还会使雏鹌鹑遇水暴饮，甚至湿羽受凉。因此，应保证雏鹌鹑在出壳后 24 小时内饮到温水。一般在雏鹌鹑进入育雏室后休息约 1 小时，熟悉一下环境即可开始饮水，1 ～ 3 日龄使用 30℃的温开水，宜饮 5％～ 8％的葡萄糖水或 0.01％高锰酸钾水。

开始训练雏鹌鹑饮水时，可用敲击饮水器的方法，诱导饮水；对不知饮水的雏鹌鹑要人工浸喙后放于饮水器旁边，保证每只雏鹌鹑都能及时饮水。

饮水后约 1 小时即可开食，在粉料中添加 0.1% 土霉素粉，以防白痢发生。一般每天喂 6 ～ 8 次，也可任其自由采食，不得无故断水与断料。训练雏鹌鹑吃料的方法是通过敲击开食盘，吸引鹌鹑，保证每只雏鹌鹑都能及时吃到饲料。

（六）日常饲养管理

1. 温度

温度是否达标是育雏成功与否的关键，提供适宜的温度可以有效提高雏鹌鹑的成活率。雏鹌鹑体温调节功能不完善，对外界环境适应能力差，对温度十分敏感，必须保证育雏室温度适宜。1 ～ 3 日龄温度保持 35 ～ 37℃，4 ～ 7 日龄温度保持 33 ～ 35℃，8 ～ 14 日龄温度保持 29 ～ 32℃，15 ～ 21 日龄温度保持 25 ～ 28℃。

另外，还要做到看鹌鹑是否适温和注意结合天气变化调整温度。看鹌鹑适温就是观察雏鹌鹑的动态表现来判断温度是否合适。温度适宜的时候，雏鹌鹑表现活泼，食欲良好，饮水适度，羽毛光亮整齐。雏鹌鹑休息时分散、分布均匀，安静。如果温度过高，雏鹌鹑远离热源，张口抬头，两翅伏地，羽毛蓬松，呼吸加快，饮水增多；如果温度过低，雏鹌鹑聚集热源附近，拥挤成堆，不思饮食，鸣叫不休。结合天气变化调整温度就是冬季育雏室温度稍高，夏季略低，阴雨天稍高，晴天稍低。无论采取哪种方式供温，切忌温度忽高忽低，或持续长时间温度过高或持续长时间温度过低。

2. 湿度

育雏前期，由于室温高、鹌鹑的排泄量小，育雏室内空气容易干燥，应在地面适当洒水，调节相对湿度。1 周龄内相对湿度应保持在 65%～ 70%，2 周后，随着鹌鹑排泄量的增加，湿度也会增加，应每天定时清理粪便、加强通风排湿，使相对湿度保持在 50%～ 60%。

3. 通风换气

育雏期室内温度高，饲养密度大，雏鹌鹑生长快、代谢旺盛、呼吸快，需要有足够的新鲜空气。另外，舍内粪便、垫料因潮湿发酵，常会散发出大量氨气、二氧化碳和硫化氢，污染室内空气。所以，育雏时既要保温，又要注意通风换气以保持空气新鲜。在冬天育雏和育雏前期（2 周龄前），可在育雏舍安装风斗（上罩布帘）或纱布气窗，使冷空气逐渐变暖后流进室内；2 周龄后，可选择晴暖无风的中午，开窗通风透气。通风换气要注意避免冷空气直接吹到雏鹌鹑身上，而使其着凉感冒。育雏箱内的通气孔要经常打开换气，尤其在晚间要注意换气。

4. 光照

育雏的光照有自然光照（阳光）和人工光照（灯光）两种。阳光对于雏鹌鹑的生长发育极为重要，它可提高雏鹌鹑的生活力，刺激食欲，促进维生素 A 和维生素 D 的合成，促进生长发育；阳光还可以杀菌，使室内干燥温暖。如室内晒不到阳光或自然光照不足，可在饲料中添加维生素 A 和维生素 D，或增加青饲料（瓜皮、菜叶等），或进行人工补充光照。人工光照的主要作用是照明，便于雏鹌鹑采食和饮水，以及饲养管理人员工作，也有促进雏鹌鹑的生长发育和性成熟的作用。

雏鹌鹑的光照制度是：1～ 3 日龄每天连续光照 24 小时（可与保温相结合），光照强度 10 勒克斯；3～ 10 日龄逐渐减少光照至每天 14～ 15 小时，光照强度 5 勒克斯；10 日龄后保持光照每天 14～ 15 小时，光照强度 5 勒克斯。

5. 饲养密度

饲养密度是指单位面积所容纳雏鹌鹑的数目。密度过大，妨碍雏鹌鹑采食、饮水和运动，弱雏鹌鹑受的影响更大。密度过小，设备利用率低，增加饲养成本。合理的饲养密度，既可减少饲养成本，又能促进鹌鹑的生长发育，减少疾病和啄肛、啄羽等恶癖的发生，提高雏鹌鹑的成活率，使其生长发育整齐。

笼养鹌鹑饲养密度应在每平方米 120～200 只。主要根据日龄、季节温度和饲养管理条件并结合分群，适当调整饲养密度。如日龄小密度大一些，日龄大密度小一些。冬季可增加密度，夏季要减小密度。饲养管理条件好的密度可大一些，饲养管理条件差的密度可小一些。

6. 饮水

雏鹌鹑开水后，在 7 日龄内，可继续在饮水中加高锰酸钾、葡萄糖和电解多维，以促进鹌鹑卵黄的吸收，添加抗生素预防白痢、伤寒，供给水温 25℃左右的温开水。水槽要浅，如果用塑料饮水器，应在水槽里放小石子或塑料管圈，以防止雏鹌鹑掉入水槽弄湿羽毛或被淹死。3～4 天后即可把小石子撤去，每天换水 2 次，任其自由饮水，1 周龄后可饮用自来水，要保证水的清洁。此后整个育雏期间都要不间断供水，保证鹌鹑自由饮用，饮水温度保持在 18～20℃。

7. 喂料

鹌鹑生长发育迅速，对饲喂方法和饲料质量要求高。饲喂方法有干喂和湿喂两种。干喂是将颗粒饲料或配好的粉料直接加入料槽内进行饲喂。湿喂是用少量水搅拌料，以握住成团、放下散开为宜。或者将混合饲料与青料等一起拌成半干湿料饲喂。可以让雏鹌鹑昼夜自由采食，也可以定时定量饲喂；饲料质量上要求为雏鹌鹑供应 0 ～ 14 天的专用雏鹌鹑料或者小鸡料，也可饲喂自配全价配合饲料。

8. 精心管理

① 防止应激。鹌鹑胆小，受惊吓常表现出逃窜的野性，加料、喂水要当心。同时应封堵网床和笼具漏缝，防止鹌鹑钻入。应给鹌鹑创造安静的生长环境，日常管理应安排专人饲养，禁止无关人员进入和参观，避免育雏舍周围出现人员嘈杂、汽车鸣笛、鸣放鞭炮等噪声。

② 勤于观察雏鹌鹑的动态和排便情况，检查并调整好饲养密度，防止啄癖发生。每天早晨，要观察鹌鹑的动态，如精神状态是否良好，采食、饮水是否正常，观察雏鹌鹑粪便情况，正常粪便较干燥，呈螺旋状。粪便颜色、稀稠与饲料有关，喂鱼粉多时呈黄褐色，喂青料时呈褐色且较稀，均属正常。如发现粪便呈红色、白色，应分析原因并采取治疗措施。

③ 勤于检查与调整室内温度、湿度、通风、光照。做好防鼠害、兽害和防煤气中毒工作。

④ 饲料与饮水保证供应。喂湿料的料槽，在每次加新料前要先清除剩饲料，冲洗干净再添加新鲜饲料。使用饮水器供水的，应每天清洗 1 ～ 2 次。使用饮水线供水的，应每天清洗一次水线和水槽，使饮水始终保持清洁，供水不可间断。

⑤ 定期测体重与检查羽毛生长情况，并做好各项记录和统计。

9. 淘汰弱雏

及时将弱雏和出现腹泻症状的雏鹌鹑淘汰。

10. 防病

定期消毒，做好传染病预防。每隔 7 ～ 14 天用 2% ～ 3% 来苏儿对环境和用具消毒一次。7 ～ 10 日龄每 1000 只鹌鹑用 0.5

克新城疫Ⅱ系苗溶于 1500 毫升冷开水中，在 2 小时内饮完。

重点预防鹌鹑常见的大肠杆菌病、沙门菌病、传染性病毒病、慢性呼吸道病、球虫病等疾病。发现病雏应及时隔离，死雏及时解剖，诊断死因。

> ### 👤 小贴士：
>
> 　　刚出壳的雏鹌鹑个体小、绒毛少、体温调节能力差、对外界环境的适应性差、抵抗力弱，若饲养管理不善，容易引起疾病，造成死亡。为此，从鹌鹑出壳起，必须创造适宜的生活条件和精心地进行饲养管理，以提高成活率为重点工作。成活率的高低是衡量生产管理水平和技术措施的重要指标，也直接影响着养鹌鹑的经济效益。

二、育成期鹌鹑的饲养管理

通常将 21～44 日龄的鹌鹑称为仔鹌鹑或育成期鹌鹑。

（一）育成期鹌鹑的生理特点

在这一阶段鹌鹑生长强度大，尤其以骨骼、肌肉、消化及生殖系统发育为快。公鹌鹑性成熟早于母鹌鹑 10～14 天，但体重低于母鹌鹑，至 40 日龄左右便有求偶与交配行为，其标志还表现在泄殖腔腺已发达并分泌泡沫状物。

（二）管理重点

本期的主要任务是控制其标准体重和正常的性成熟。种用仔鹌鹑多在 5～6 周龄进行选种，编号登记后转入种鹌鹑舍。

（三）日常饲养管理

1. 全进全出管理

全进全出管理是指在同一栋鹌鹑舍同时间内饲养同一日龄的鹌鹑，经过一个饲养期后，又在同一天（或大致相同的时间内）全部转出或出栏。

这种饲养管理制度优点很多，有利于切断病原的循环感染，有利于疾病控制，同时便于饲养管理、提高劳动效率。在第一批出售或转出、下批尚未进入的 1～2 周为休整期，鹌鹑舍内的设备和用具可进行彻底打扫、清洗、消毒与维修，这样能有效地消灭舍内的病原体，使鹌鹑群疫病减少、死亡率降低，同时也提高了鹌鹑舍的利用率。

2. 转入育成舍

完成育雏的鹌鹑应由育雏舍转到育成鹌鹑舍或转入育成笼内继续饲养。转舍的要求是尽量减少转舍对鹌鹑造成的应激，避免使鹌鹑受惊，减少死亡。因此，转舍的动作要做到轻拿轻放，转群速度要快，尽可能保持鹌鹑原有的生活环境状况。转群前后 1 周应在饲料或饮水中加入电解多维或者维生素 C 可溶性粉等可有效缓解应激，同时也可适当应用抗菌药物和驱虫药，预防因转群应激引起鹌鹑群发病。转舍前 3 小时断料，2 小时断水，育雏鹌鹑舍应提前准备好水和饲料。

3. 公母分群

鹌鹑性成熟早，如果公母同笼饲养，既浪费饲料又影响母鹌鹑产蛋，还不利于限制饲养。一般在育雏期结束转入育成期管理时，结合转群进行公母分群，可根据叫声和颈下羽毛颜色是否发红来挑出公鹌鹑，进行单独育肥出售。此外，还可以根据品种羽毛颜色特征辨别，将公母鹌鹑分别挑出，分开饲养。例如，白羽鹑，羽毛白者为母鹌鹑，褐者为公鹌鹑；日本鹌鹑与朝鲜鹌鹑，胸部羽毛带黑斑点者为母鹌鹑，无此特征者为公鹌鹑。对准备留种的鹌鹑可按公、母 1∶3 的比例留种。

4. 限制饲喂

对于以产蛋和作为种用为饲养目的的育成期母鹌鹑，要实行限制饲喂。目的是控制性成熟，提高整齐度，使其适时开产、同期开产，提高产蛋量和蛋品合格率。

限制饲喂主要是通过限质和限量 2 种方法实现。限质是降低饲料中蛋白质含量，限量是限制饲料饲喂量。限饲时间从母鹌鹑 21 日龄开始，到 40 日龄恢复正常饲喂。限饲时注意挑出病弱雏，保证充足饮水，每隔 1～2 周定时抽样称重，体重低于标准体重时不可限饲。

采用种用或蛋用育成鹌鹑专用饲料，控制性腺发育。固定饲喂次数和饲喂时间，可日喂 4 次，分别在 6 时、10 时、14 时和 18 时饲喂。不间断供应温度适宜的清洁饮水。

为了做到饲料变化合理及不致对育成鹌鹑生长引起短暂的影响，育雏料更换为育成料时要实行过渡。具体做法是在更换时前 3 天喂两份育雏料、一份育成料的混合料，然后在另外 3 天饲喂一份育雏料、两份育成料，最后过渡到育成料，第 4 天完全饲喂育成料。

5. 控制光照

育成期鹌鹑需要适当"减光"，或者只需保持自然光照即可。在自然光照时间长的季节，甚至需要把窗户遮上，使光照保持 14～15 小时，光照强度保持 5 勒克斯。

6. 饲养密度

育成期应根据鹌鹑体重的增加及时调整饲养密度，防止啄癖发生。饲养密度掌握在大部分鹌鹑能同时正常采食和饮水。

7. 温度控制

根据育成舍室温与日龄，适时调整温度，确保育成鹌鹑的正常生长发育。22～28日龄育成舍室温应保持在21～24℃之间，28日龄后可逐步采取降低温度直至与环境温度相同（俗称"脱温"），即28日龄后温度应保持在20～24℃之间。如果室温低于此温度范围应采取增加饲养密度、集中或局部供暖增温等措施。如果室温高于此温度范围则采取减小饲养密度、自然或机械通风降温措施。

8. 定期称重

每周抽查10%的育雏鹌鹑，算出平均体重与标准体重对照，根据体重状况调整日粮或改进饲养管理。日龄的标准体重可参考以下标准：7日龄20克、14日龄45克、20日龄70克、30日龄105克、35日龄120克。抽查体重时应注意保证抽查的全面性，要保证育成笼各层及各笼都能均匀地抽查到，不可图省事哪里方便就从哪里选择。

9. 防治疾病

保持室内外清洁卫生，防止啄癖，定期防疫与检测，及时防治疾病。食槽、饮水器每天清洗一次，每天打扫舍内外卫生，舍内每周消毒一次，舍外环境每月消毒一次。消毒药品应选择3种以上，并交替使用，确保消毒效果。30～35日龄可用球速治50克加入25～50千克水中饮用，预防球虫病。30日龄可用新支120疫苗滴鼻、点眼，同时用复合新城疫油苗每只鹌鹑0.5毫升肌内注射。38日龄用禽流感油苗每只鹌鹑0.3

毫升肌内注射。

> **📇 小贴士：**
>
> 　　这一阶段最主要的任务就是控制鹌鹑的体重，以及做好
> 免疫工作。育成期虽然不是很长，一般只有二十多天，但是
> 这个阶段鹌鹑的生长状态，对后期的养殖有着很大的影响，
> 所以家庭农场一定不能够轻视，应该认真管理。只有这样，
> 才能够培育出健壮的青年鹌鹑，为下一步的饲养打下很好的
> 基础。

三、成年鹌鹑的饲养管理

　　通常将 45 日龄以后的鹌鹑称为成年鹌鹑。

（一）母鹌鹑的产蛋规律

　　开产日龄一般为 35 ～ 42 天，与品种、品系、营养和光照
有关。开产后 2 ～ 3 个月即可达到产蛋高峰，年平均产蛋率在
75％以上，高产者可在 80％以上。鹌鹑群当天产蛋时间主要集
中在午后至晚上 8 时前，而以午后 3 ～ 4 时为产蛋数量最多。

（二）转群上笼

　　育成母鹌鹑至 35 ～ 40 日龄，约有 2％已开产时应予转群
上笼，以熟悉新环境。为减少鹌鹑群骚动，最好在光线较暗的
时间抓鹌鹑装笼，将育成舍的灯关掉 60％使强光变暗，鹌鹑
群安静，容易抓。转群前 5 ～ 6 小时喂料，以免转群时鹌鹑吃
得过饱，造成更大应激。可先将鹌鹑舍内的食槽全部撤出鹌鹑

舍，而继续供给饮水，抓鹌鹑前再把饮水器撤出鹌鹑舍。抓鹌鹑要用手抓握鹌鹑的腿部，抓时要做到快、准、稳，不要强拉硬扯，不可抓鹌鹑的翅膀、头颈，以免鹑只受伤。装鹌鹑最好用塑料笼，每笼不要装得过于拥挤。抓鹑、入笼、装车、卸车时动作要轻，不可粗暴丢掷，防止鹌鹑碰伤。转群后及时供应饮水和饲料，保持安静。在转群的同时，按产蛋鹌鹑要求再进行一次严格选择，将病弱、体重较小的鹌鹑剔除淘汰。

为了防止转群应激，转群前后 2～3 天应在饮水中添加电解多维或者维生素 C 可溶性粉，可有效缓解转群造成的应激。

（三）日常饲养管理

1. 饲喂

产蛋鹌鹑必须饲喂营养全面的全价配合饲料，并供给适量沙砾让鹌鹑自由采食，以促进消化。鹌鹑对饲料的质量要求较高，尤其是对饲料中的能量和蛋白质水平要求更高。能量要达到 2750～2800 千卡 / 千克（1 卡 =4.1868 焦耳），蛋白质 19.3%～19.5%。冬天可以加入动物油、植物油。

从转群开始利用 5 天左右时间由饲喂育成期饲料过渡为产蛋期饲料。在配合饲料中需加入 0.5%～1.0% 的不溶性沙砾，或直接投放在料槽中供鹌鹑自由采食。喂料可采用定时定量制，每日喂 3～4 次；也可采用自由采食制，少喂勤添，槽中不断料。产蛋期鹌鹑每天每只消耗配合饲料 25～30 克。因鹌鹑食性单一，切忌随意更换饲料品种。

2. 饮水

产蛋鹌鹑每天每只饮水 45 毫升左右，千万不能断水，一旦发生，产蛋率会在一定时间内难以恢复。冬季水温低，不宜给鹌鹑饮冷水。应给鹌鹑饮温水，水温一般在 20～30℃之间。

而如果采用湿料饲喂鹌鹑，也应用温水调制，不能太冷。每周2次喂高锰酸钾溶液（每10千克水溶入高锰酸钾1克，现用现配）。

3.温度

舍内的适宜温度，是促使高产、稳产的关键。产蛋舍最适宜的温度是25℃左右，低于10℃时则停止产蛋，过低则造成死亡。夏季超过35℃时，会出现采食量减少、张嘴呼吸、产蛋下降的现象。冬季应将养鹌鹑舍北面和西面的门窗全部封闭，有裂缝的墙，也要用沙泥把裂缝堵上，只留朝南的门窗，还要在门窗上挂上草帘或棉帘，防止寒风侵入，使室内温度一般能保持在15℃左右。当产蛋舍内温度低于10℃时，可采取增加饲养密度的办法，还可采用火炉、热风炉、电热器等提高舍内温度。尤其是在寒夜和天气骤冷时，要勤检查舍内温度，一旦发现舍内温度过低，就要立即生起火炉，防止把鹌鹑冻坏。夏季温度过高时应采取降低饲养密度和增加舍内通风等办法降低舍内温度。

4.光照

光照有两个作用，一是为鹌鹑采食照明，二是通过眼睛刺激鹌鹑脑垂体，增加激素分泌。合理的光照可使母鹌鹑早开产，提高产蛋量。转群后逐渐增加光照时间，光照应达到15～16小时，后期可延长至17小时，光照强度10勒克斯。为保证鹌鹑正常产蛋所需要的光照时间，可采用日光、灯光或日光和灯光结合的办法。如冬季每天光照时间已不足12个小时，因此，每天需补充光照三四个小时，才能使鹌鹑正常产蛋。每天应定时开关灯，以保持光照连续性，切勿任意变动。

5.通风换气

产蛋鹌鹑新陈代谢旺盛，加上密集式多层笼养，数量多、产粪也多，因而必须通风换气，保证舍内空气新鲜。特别是冬季产蛋舍封堵保温后，空气流通变差，有害气体蓄积，更应该注意通风换气，但需要注意解决好通风换气与温度保持的矛盾。

产蛋舍通风可采用自然通风或机械通风。夏天的通风量为每小时 3～4 立方米，冬天为每小时 1 立方米。冬季通风换气时间宜在日出后，上午 10 时到下午 2 时，打开风窗自然通风 15～20 分钟，或者采用机械通风。

6. 湿度

产蛋舍相对湿度应维持在 60%～70%，过低会导致鹌鹑暴饮。

7. 饲养密度

笼养蛋鹌鹑的饲养密度不能过大，过于拥挤会影响正常的休息和采食，同时通风换气也差。在笼养条件下，每平方米面积可饲养产蛋鹌鹑 60 只左右。

8. 集蛋

一般每天收集鹌鹑蛋 1～2 次，夏季增加至每天 2～3 次。通常集蛋时间在夜间与早晨各一次，将收集的鹌鹑蛋直接装箱，最好采用蛋托分装，防止堆压破损（见视频 6-2）。

视频 6-2 鹌鹑蛋的收集方法

9. 强制换羽

鹌鹑自然换羽时间长，换羽慢，产蛋少。人工强制换羽能缩短换羽时间，稳定产蛋量，使产蛋持续的时间长。强制换羽以夏季进行为好。

具体做法：将产蛋率降至 50% 左右尚未换羽的产蛋鹑，放入遮光笼内停料 4～7 天（夏季应适度饮水），迫使产蛋鹌鹑迅速停产，接着脱落大量羽毛，再逐步加料，逐步恢复光照，使之迅速恢复产蛋。如果断食4天，产蛋鹌鹑羽毛已基本脱完，可在第5天逐渐恢复供料和光照。从停饲到恢复开产仅需20天。

10. 安静的环境

鹌鹑胆小，喜静，对周围环境非常敏感，受惊后产蛋率会下降或产软壳蛋。在日常饲喂、捡蛋、清粪、加水时动作要轻，不要轻易更换饲养员。特别是在下午或傍晚鹌鹑产蛋期间，饲养人员最好不要打扰。

11. 卫生消毒

场区、道路和鹌鹑舍周围环境应定期消毒。废弃物处理区、下水道出口每月消毒一次。消毒池定期更换消毒液。饲槽、水槽、料车等饲养用具要定期消毒，每隔7～14天用2%～3%的来苏儿水对舍内外食具消毒一次。空舍后应彻底冲洗、消毒，饲养鹌鹑时应每周用药液喷雾消毒一次。鹌鹑场工作人员应定期进行健康检查，患传染病者不准从事饲养工作。

12. 防病

坚持"全进全出"的饲养制度。严禁其他畜禽和动物进入场区。根据本地流行病学，制定适宜的免疫程序。为降低病死淘汰率，预防大肠杆菌与新城疫、肾型传支的药物要定期使用。选择具有批准文号的疫苗。注意观察鹌鹑群的精神状态、食欲和粪便，注意控制体重与膘度，防止产蛋鹌鹑子宫外翻。鹌鹑笼养密度大、疾病传染快，一旦发病，应及时隔离治疗。

13. 无害化处理

严禁在舍内屠杀病鹌鹑。因传染病和其他需要处死的病鹌鹑，应在指定地点进行扑杀，尸体应按有关规定进行无害化处理。鹌鹑场污染物排放应符合《畜禽养殖业污染物排放标准》的规定。

14. 及时淘汰

产蛋鹌鹑饲养 6 个月至 1 年（生产中大多不到 1 年），或当产蛋率下降至 40% 时，应当淘汰出售。一般可将淘汰下来的蛋鹌鹑育肥 2 ~ 3 周，即可使每只的体重达到 120 ~ 140 克，这样就可以上市出售了。

15. 做好日常记录

每批鹌鹑都要有准确、完整的记录资料。内容包括引种购雏、饲料生产、免疫档案、防病用药、产蛋、出售及其他饲养日记等。所有资料记录应妥善保存。

> **小贴士：**
>
> 此阶段的饲养管理重点是及时转群，饲料由育成期饲料过渡到产蛋期饲料，喂料可采用定时定量制（每日喂 3 ~ 4 次）或自由采食制（少喂勤添，槽中不断料），补喂沙砾，增加光照时间。防止应激是日常管理的重中之重，如更换饲料要实行过渡、不允许生人进入鹌鹑舍内、灯光不能忽明忽暗。

四、肉用鹌鹑的饲养管理

肉用鹌鹑是指供肉食之用的鹌鹑，它主要包括肉用型的仔

养鹌鹑家庭农场致富指南

鹌鹑，肉用与蛋用杂交的仔鹌鹑，甚至包括需要育肥上市的淘汰蛋用鹌鹑。

（一）管理目标

肉用鹌鹑饲养管理的主要任务是获得最佳的增重饲料报酬，以期获得最好的经济效益。

（二）饲养管理

1. 采用笼养

肉用鹑可采用"平－笼"结合方法饲养，即 20 日龄前采用平养，20 日龄后转入育肥笼育肥，也有的于 25 日龄后再转入育肥笼育肥。育肥笼的笼高 12 厘米，饲养密度为每平方米 80 只，采用暗光照，笼顶用塑料网。

2. 育肥方式

肉用鹌鹑的饲养标准较高，生长期营养需要为代谢能 12.23 兆焦 / 千克，粗蛋白 21.4%，钙 1.05%，总磷 0.78%。应采用肉用鹌鹑专用配合饲料，有的采用雏火鸡的饲粮，效果尚可。

3. 合理饲喂

肉用鹑在前三周一般采用育雏期间的饲料营养，后期应适当增加能量含量。一般为自由采食，自由饮水。饲料更换时，为了做到饲料变化合理及不致对生长引起短暂影响，最好在更换时前三天喂两份育雏料、一份育成料的混合料，然后在另外三天饲喂一份育雏料、两份育成料，最后过渡到育成料。野生鹌鹑的脂肪无色素而呈淡白色，但其脂肪颜色易受饲料影响而变成黄色脂肪。据报道，可通过饲料添加自然色素或合成色素来改变鹌鹑脂肪颜色以迎合市场需要。

4. 分群饲养

肉用鹌鹑一般都采用公母鹌鹑分群饲养。公母同笼饲养，公鹌鹑较母鹌鹑早成熟，易产生交尾现象，引起骚动。分群饲养还能提高上市时的整齐度，降低残次率，降低料肉比。宜在出壳后就将公母鹌鹑分开饲养。如果初生时难以鉴别，1 月龄后仍需按公母、大小、强弱分群饲养育肥。

5. 饲养密度

饲养密度可适当比种用、蛋用鹌鹑略高，每平方米 80 只。

6. 温度

舍内温度保持 20 ～ 22℃。肉用鹌鹑的保温与育雏鹑的保温相似，主要是看鹑适温。温度过低，会增加采食，降低饲料报酬。

7. 光照

光线太强易产生啄癖、惊群等现象，要求实行暗光饲养制度，还可防止肉鹌鹑头部撞伤。光照强度为 10 勒克斯，应定期饲喂、喂后遮暗。为此可采用间歇光照制，即 1 小时照明、3 小时黑暗，可获得较高活重和成活率，降低料肉比。

8. 防止应激

在管理上应注意保暖和保持安静，严防各种应激而致惊群，防止啄癖的发生。

9. 适时出栏

肉用鹌鹑饲养至 40 日龄即可出栏，适时上市可获得较低的料肉比。

五、种鹌鹑的饲养管理

（一）管理目的

饲养种用鹌鹑的目的是获得优质高产的合格种鹌鹑蛋，从而孵化出更多健壮的雏鹌鹑。种用鹌鹑和蛋用鹌鹑，二者除配种技术、笼具规格、饲养密度、饲养标准等有所不同外，其他管理基本相似。

（二）种鹌鹑选择

要求种鹌鹑目光有神，姿容优美，羽毛富有光泽，肌肉丰满，皮薄腹软，头小而圆，嘴短颈细而长。同时，对母鹌鹑及公鹌鹑各有要求。

1. 公鹌鹑选择

公鹌鹑品质的好坏对后代的影响很大。要求选留的公鹌鹑体质健壮，头大，喙色深而有光泽。趾爪伸展正常，爪尖锐。眼大有神，叫声高亢响亮、稍长而连续。羽毛覆盖完整而紧密，颜色深而有光泽。肛门呈深红色、隆起，以手轻轻挤压，有白色泡沫状物出现。40～45日龄时，体重达到115～300克之间，按配比选留公鹌鹑。

2. 母鹌鹑选择

要求选留的母鹌鹑体大，头小而圆，喙短而结实。眼大有神，活泼好动，颈细长。体态匀称，羽毛色彩光亮。胸肌发达，皮薄腹软，觅食力强，无疾病。耻骨与胸骨末端的间距3指宽，左右耻骨2～3指宽。成熟鹌鹑体重达到130～150克。年产蛋率蛋用鹑应达80％以上，肉用型的也应在75％以上，月产蛋量24～27枚以上。

肉用型种鹌鹑体重越大越好。腹部容积大，耻骨间有两指宽，耻骨顶端与胸骨顶端有 3 指宽，产蛋力则高。这种检查方法仅对母鹌鹑第一年产蛋可行。母鹌鹑年龄越大，腹部容积越大，但其产蛋量却越小。可统计开产后 3 个月的平均产蛋率，以达到 85% 以上者为选留标准。表现不好的种用母鹌鹑应坚决淘汰作商品肉鹌鹑处理，或用以产商品蛋。

3. 公母合笼

50 ～ 60 日龄时，公母鹌鹑按比例合笼饲养。合笼时，按种鹌鹑要求再进行一次严格选择。

（三）配种技术

目前均采用自然交配方式配种。春季 3 ～ 5 月配种，秋季 9 ～ 11 月配种。通常 2 只公鹌鹑配 6 只母鹌鹑（1∶3）。

先将种鹑养在分为四小间的笼内，种鹌鹑入笼时，优先放置公鹌鹑，使其先熟悉环境，占据笼位顺序优势，数日后再放入母鹌鹑。每间养 2 只公鹌鹑、6 只母鹌鹑，使其自然交配。为保持种公鹌鹑年轻化，可每配种 3 个月更换全部原配种公鹌鹑。

（四）笼具规格

成年种用鹌鹑采用种鹌鹑笼饲养。种鹌鹑笼规格为长 100 厘米，宽 60 厘米，中高 24 厘米，两侧高各为 28 厘米。前面正中设门，宽 20 厘米，高 15 厘米。门朝内开，门应略大于门框，以小合页焊接于格栅上方，门上设有搭钩，扣在下边栅条上。里面用格栅隔成相等的 4 个单元，每单元放 2 只公鹑和 5 ～ 6 只母鹑，笼壁栅条间距 2.5 厘米，底网和侧网网眼为 20 毫米 ×20 毫米或 20 毫米 ×15 毫米。笼顶采用塑料网或塑料窗纱，防止鹌鹑飞跃时伤及头部。笼底向两侧倾斜 6° ～ 8°，多采用层叠式结构，层间设承粪板。笼前挂食槽与水槽。饲养前，要提前几天彻底清洗、消毒笼舍，并用甲醛熏蒸消毒。

（五）饲养密度

种用鹌鹑比商品蛋鹌鹑饲养密度要小，每平方米笼养面积 20～40 只。

（六）饲养标准

按照美国 NRC（1994）建议的鹌鹑营养需要量，种鹌鹑的代谢能为 11.72 兆焦／千克；蛋白质 0～6 周龄为 26％，大于 6 周龄为 20％，种鹌鹑为 24％。应采用鹌鹑专用日粮，以干粉料或湿拌料饲喂。

每天喂 4 次（早、上午、下午、晚）。春季产蛋旺季，夜间可加喂 1 次。每次饲喂要定时、定量，少喂勤添，不可中断饮水。

（七）种鹌鹑蛋收集

成年种用母鹌鹑产蛋主要集中在中午过后至晚上 8 时前，下午 3 时、4 时是产蛋高峰时间。种鹌鹑蛋每日收取 2～4 次，以防高温、低温及污染，确保孵化品质。每批种鹌鹑蛋收集后进行熏蒸消毒。

（八）利用年限

种鹌鹑的利用年限，公鹌鹑仅为一年，种母鹌鹑则半年至两年不等，主要取决于产蛋量、蛋重、受精率以及经济效益、育种价值等。在生产实践中对蛋用型种鹌鹑仅用 8 个月的采种时间；对肉用型母鹌鹑的采种时间则更短些，仅为 6 个月。

六、淘汰鹌鹑的饲养管理

达到 40 日龄时确定为不作为种用的公鹌鹑，产蛋 1～1.5

年的母鹌鹑或当产蛋率低于30%时就应全部淘汰，即可进行育肥。鹌鹑在出售前10～15天必须开始育肥，其育肥期采取以下措施：

（一）育肥设施

将鹌鹑放在多层重叠式育肥箱内饲养。

（二）适宜温度

室内温度以20～27℃为宜，最好在25℃的环境条件下饲养，该温度对公鹌鹑的生长特别有利，不但能增加鹌鹑的食欲，且有利于消化和吸收，提高饲料转化率。

（三）环境要求

育肥期间环境要求是暗光、严防惊扰。将育肥鹌鹑放在光线较暗、安静的室内饲养。光线稍暗，只要能使鹌鹑看到食槽的饲料和水槽的水面即可。同时要保持安静，使其饱食后立即休息，减少相互追逐，抑制性冲动，控制消耗。

（四）限制运动

在育肥期间应限制运动，以减少饲料消耗，可采取较大的饲养密度。实践证明，高10～12厘米的鹌鹑笼，每平方米可育100只鹌鹑以上。这样的密度，既可限制运动，又能避免啄羽，使羽毛保持完整和洁净，但需注意公母鹌鹑要分开饲养。

（五）饲料搭配

育肥饲料要以玉米、麦麸、稻谷与含碳水化合物多的饲料为主，要求喂蛋白质含量高、无氮浸出物和脂肪含量低的饲料，拌料时要干湿适中，握得拢散得开即可。参考饲料配方如下：玉米 50％、面粉 10％、豆饼 10％、鱼粉 5％、骨粉 8％、酵母 3％、麦麸 5％、米糠 5％、食盐 1％、沙砾 3％，并添加适量的维生素和微量元素，同时适当加喂一定数量的青绿饲料。每昼夜喂 4 ～ 6 次，以吃饱为宜，饮水要清洁并充足。

（六）适时出售

育肥 2 ～ 3 周后，体重可达到 120 ～ 140 克。当鹌鹑拿到手里有充实感，将翅膀根部羽毛吹起，看到皮肤颜色为白色或淡黄色时即可出售。

第七章

鹌鹑的疾病防治

实践证明，只要做好平时的预防工作，很多传染病的发生都可以避免。即使发生，也能得到及时控制。随着集约化养殖的发展，"预防为主"方针的重要性显得更加突出。因此，家庭农场平时应加强饲养管理，建立严格的卫生、消毒制度，密切注意和及时发现群体中的异常个体，隔离或淘汰病鹌鹑，保护大群健康。应根据《中华人民共和国动物防疫法》及其配套法规的要求，结合当地实际情况，有选择地进行疫病预防工作，并注意选择适宜的疫苗、免疫程序、免疫方法及适宜的药物和剂量进行预防。

一、鹌鹑场生物安全管理

生物安全是近年来国外提出的有关集约化生产过程中保护和提高畜禽群体健康状况的新理论。生物安全的中心思想是隔离、消毒和防疫。关键控制点是对人和环境的控制，最后达到建立防止病原入侵的多层屏障的目的。因此，家庭农场饲养管理者必须认识到，做好生物安全是避免疾病发生的最佳方法。一个好的生物安全体系应发现并控制疾病侵入养殖场的各种最可能途径。

　　生物安全包括控制疫病在鹌鹑场中的传播、减少和消除疫病发生。因此，对一个鹌鹑场而言，生物安全包括两个方面：一是外部生物安全，防止病原菌水平传入，将场外病原微生物带入场内的可能性降至最低；二是内部生物安全，防止病原菌水平传播，降低病原微生物在鹌鹑场内从病鹌鹑向易感鹌鹑传播的可能性。

　　鹌鹑场生物安全要特别注重生物安全体系的建立和细节的落实到位。具体包括鹌鹑场的选址，场区规划，引种，加强消毒，净化环境，加强饲料卫生管理，实施群体预防，防止应激，定期进行抗体检测，病死鹌鹑无害化处理，防虫害、鼠害和鸟害，建立各项生物安全制度等（见图7-1）。

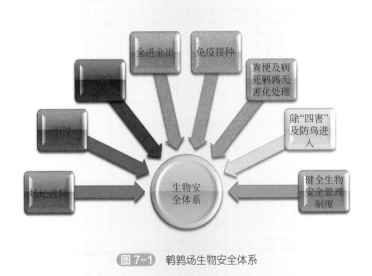

图7-1　鹌鹑场生物安全体系

（一）鹌鹑场的选址

鹌鹑场位置的确定，在养鹌鹑生产中建立生物安全防范体系上至关重要。因此，在新建场的选址问题上要高度重视生物安全性，切忌随意选址和考虑不周全，或者明知不符合生物安全的要求而强行建场。根据生态环境部、农业农村部制定的《畜禽养殖禁养区划定技术指南》规定，禁止在饮用水水源保护区、自然保护区、风景名胜区、城镇居民区和文化教育科学研究区、法律规定的其他应该划定的区域内建场。选址重点需要考虑的问题有：符合动物防疫规定，避免交叉感染，远离其他畜禽场、畜产品加工场和其他污染源，与邻近畜禽场要有3.5千米以上的安全距离。

（二）场区规划

家庭农场鹌鹑场的生产区、生活区与行政区应严格分离，应建有消毒室、兽医室、隔离舍、病死鹌鹑无害化处理间。无害化处理间应距无公害鹌鹑舍主风向下风口50米以上。饲养人员、动物和物资运转应采取单一流通方式，净道与污道分流。饲养场的大门入口处设有消毒池。生产区入口处设有更衣换鞋室、消毒室或沐浴室。鹌鹑舍入口处设有消毒池或消毒盆。鹌鹑场应配备防止其他动物入内的防护设施。

（三）实行全进全出制度

全进全出是鹌鹑场饲养管理、控制疾病的核心。全进全出有利于疾病的控制，要切断鹌鹑场的疾病循环，必须实行全进全出。

在鹌鹑舍内有鹌鹑的情况下，始终难以彻底清洁、冲洗和消毒。目前还没有任何一种消毒剂可以完全杀灭粪便和排泄物中的病原体，因为穿透能力较低，所以在消毒前最好使用高压水枪将粪便和其他排泄物彻底冲洗干净。鹌鹑舍内有鹌鹑则不能彻底冲洗，因此消毒效果不能保证。

如果一个鹌鹑舍内同时饲养不同日龄（批次）的鹌鹑，能做到及时消毒最好。但由于病鹌鹑或带毒鹌鹑可以通过呼吸道、消化道、泌尿生殖道不断向环境中排放病原，污染鹌鹑舍、鹌鹑笼具，导致其中一批鹌鹑发生传染性疾病，即可传染给另外一批鹌鹑，造成疫病绵延不绝。所以，要实行严格的全进全出制度。做到鹌鹑舍内只饲养同一日龄的鹌鹑，并在一批鹌鹑出栏后进行彻底清洗、消毒并空舍 14 天，至少 7 天以上，这样才能保证消毒效果。

（四）引种

饲养场引进种鹌鹑时，应从健康种鹌鹑场引进，并持有《动物检疫合格证明》；跨省引进，应经跨省异地引种检疫审批办证点同意方可引种。引进后，应及时报告动物防疫监督机构进行检疫，并保留种畜禽生产经营许可证复印件、《动物检疫合格证明》和《车辆消毒证明》。隔离饲养 30 天，经兽医检查确定为健康合格后，方可供繁殖使用。

（五）加强消毒，净化环境

鹌鹑场应备有健全的清洗消毒设施和设备，以及制定和执行严格的消毒制度，防止疫病传播。鹌鹑场采用人工清扫、冲洗，交替使用化学消毒药物消毒。要选择对人和鹌鹑安全、没有残留毒性、对设备没有破坏、不会在鹌鹑体内产生有害积累的消毒剂。选用的消毒剂应符合《无公害农产品　兽药使用准则》（NY 5030—2016）的规定。在鹌鹑场入口、生产区入口、鹌鹑舍入口设置符合防疫规定长度和深度的消毒池。对鹌鹑场及相应设施进行定期清洗消毒。为了有效消灭病原，必须定期实施以下消毒程序：每次进场消毒、鹌鹑舍消毒、饲养管理用具消毒、车辆等运输工具消毒、场区环境消毒、带鹌鹑消毒、饮水消毒。一般鹌鹑饲养场、舍的地面、粪沟、食槽、水槽，应每天清理、打扫，保持清洁。鹌鹑饲养场、舍、食槽、水槽及周围环境应每周消毒两次（场地消毒、带鹌鹑消毒各一次）。

（六）加强饲料卫生管理

饲料原料和添加剂的感官应符合要求，即具有该饲料应有的色泽、味道及组织形态特征等，质地均匀，无发霉、变质、结块、虫蛀及异味、异嗅、异物。饲料和饲料添加剂的生产、使用，应是安全、有效、不污染环境的产品，符合单一饲料、饲料添加剂、配合饲料、浓缩饲料和添加剂预混合产品的饲料质量标准规定。所有饲料和饲料添加剂的卫生指标应符合《饲料卫生标准》（GB 13078—2017）的规定。

饲料原料和添加剂应符合《无公害食品 畜禽饲料和饲料添加剂使用准则》（NY 5032—2006）的要求，并在稳定的条件下取得或保存，确保饲料和饲料添加剂在生产加工、贮存和运输过程中免受害虫、化学、物理、微生物或其他不期望物质的污染。

在鹌鹑的不同生长时期和生理阶段，根据营养需求，配制不同的全价配合饲料。营养水平不低于该品种营养标准的要求，建议参考使用饲养品种的饲养手册标准，配制营养全面的全价配合饲料。禁止在饲料中添加违禁药品及药品添加剂。使用含有抗生素的添加剂时，按有关准则执行休药期。不使用变质、霉败、生虫或被污染的饲料。

（七）实施群体预防

养鹌鹑场应根据《中华人民共和国动物防疫法》及其配套法规的要求，结合当地疫病流行的实际情况，制定免疫计划、有选择地进行疫病的预防接种工作；对国家兽医行政管理部门不同时期规定需强制免疫的疫病，疫苗的免疫密度应达到

100%，选用的疫苗应符合《中华人民共和国兽用生物制品质量标准》，并注意选择科学的免疫程序和免疫方法。

进行预防、治疗和诊断疾病所用的兽药应是来自具有兽药生产许可证、并获得农业农村部颁发兽药 GMP 证书的兽药生产企业，或农业农村部批准注册进口的兽药，其质量均应符合相关的兽药国家质量标准。

科学实施药物预防。选择合适的药物，严格掌握药物的种类、剂量和用法。掌握好用药时间和时机，做到定期、间断和灵活。穿梭用药，定期更换。并重视药物残留和禁用药物问题，认真做好用药记录。

（八）防止应激

应激是作用于动物机体的一切异常刺激，引起机体内部发生一系列非特异性反应或紧张状态的统称。对于鹌鹑来说，任何让鹌鹑不舒服的动作都是应激。应激对鹌鹑有很大危害，会造成鹌鹑机体免疫力、抗病力下降，抑制免疫，诱发疾病，引发条件性疾病。可以说，应激是百病之源。

防止和减少应激的办法很多，在饲养管理上要做到"以鹌鹑为本"，精心饲喂，供应营养平衡的饲料，控制鹌鹑群的饲养密度，做好通风换气，控制好温度、湿度和噪声，随时供应清洁、充足的饮水等。

（九）定期进行抗体检测

鹌鹑场应依照《中华人民共和国动物防疫法》及其配套法规，以及当地兽医行政管理部门有关要求，并结合当地疫病流行的实际情况，制定疫病监测方案并实施，并应及时将监测结果报告当地兽医行政管理部门。

鹌鹑场常规监测的疾病主要包括：高致病性禽流感、新城疫、马立克病、鹑白痢、大肠杆菌病等。根据当地实际情况，由动物疫病监测机构定期进行疫病监督抽查，并将抽查结果报告当地畜牧兽医行政管理部门。

（十）病死鹌鹑无害化处理

病死鹌鹑无害化处理是指用物理、化学等方法处理病死动物尸体及相关动物产品，消灭其所携带的病原体，消除动物尸体危害的过程。无害化处理方法包括焚烧法、化制法、掩埋法和发酵法。注意因重大动物疫病及人畜共患病死亡的动物尸体和相关动物产品不得使用发酵法进行处理。

鹌鹑场发生重点疫情时，应及时向当地畜牧兽医行政管理部门报告。判定发生高致病性禽流感时，应对鹌鹑群实施严格隔离、扑杀措施。全场按《高致病性禽流感疫情判定及扑灭技术规范》（NY 764—2004）规定执行。鹌鹑饲养场发生新城疫、禽霍乱等疫病时，应对鹌鹑群实施清群和净化措施，全场进行彻底清洗、消毒。病死或淘汰鹌鹑的尸体，应采取焚烧等方式进行无害化处理，病死鹌鹑不应随处露天堆放或抛弃。

（十一）防虫害、鼠害和鸟害

定期用药物杀虫。鹌鹑场有预防鼠害和鸟害等设施，鹌鹑舍四周可铺设碎石带，鹌鹑舍窗户、通气口等处设置防鼠带、鸟网等。

（十二）建立各项生物安全制度

建立生物安全制度就是将有关鹌鹑场生物安全方面的要求、技术操作规程加以制度化，以便全体员工共同遵守和执行。

饲养场内严禁饲养其他禽、犬、猫等动物。饲养场内应捕杀老鼠、消灭蚊蝇，切断多种疾病的传播途径。饲养员及场内其他工作人员应定期体检，取得健康合格证后方可上岗工作。

饲养员或其他工作人员进入生产区时应更换衣鞋，并进行消毒。饲养人员的工作服应保持清洁并定期清洗消毒。场内的兽医人员严禁对外诊疗。场内的生产人员不准随意串岗。非生产人员未经批准不得进入生产区。禁止带入其他禽类及产品进入生产区。

二、鹌鹑场消毒

消毒是利用物理、化学或生物方法杀灭或清除外界环境中的病原体，从而切断其传播途径、防止疫病的流行，它一般不包含对非病原微生物及芽孢、孢子的杀灭。灭菌则是杀灭一切微生物及其孢子、芽孢。消毒的目的就是消灭被传染源散播于外界环境中的病原体，以切断传播途径，阻止疫病继续蔓延。

（一）消毒分类

根据消毒的目的不同，消毒可以分为预防性消毒、临时消毒和终末消毒三类。

① 预防性消毒：结合平时的饲养管理对圈舍、场地、用具和饮水进行定期消毒，以达到预防传染病的目的。此类消毒一般1～3天进行一次，每1～2周还要进行一次全面大消毒。

② 临时消毒：在发生传染病时，为了及时消灭刚从传染源排出的病原体而采取的消毒措施。消毒的对象包括患病动物所在的圈舍、隔离场地以及被患病动物分泌物、排泄物污染和可能污染的一切场所、用具和物品。通常在解除封锁前，进行多次定期消毒，患病动物隔离舍应每天消毒2次以上或随时进行消毒。

③ 终末消毒：在患病动物解除隔离、痊愈或死亡后，或者在疫区解除封锁之前，为了消灭疫区内可能残留的病原体所

进行的全面彻底的大消毒。

（二）消毒方法

消毒的方法很多，不同的方法适用于不同的消毒目的和对象。在实际工作中应根据具体情况选择最佳消毒方法。常用的消毒方法有物理消毒法、化学消毒法和生物热消毒法等。

1. 物理消毒法

物理消毒法就是用物理方法杀灭或清除病原微生物和其他有害生物。常用的物理消毒法有自然净化、机械力清除、热力消毒和辐射消毒等。

① 自然净化就是靠自然环境的净化作用，使空气、物体中的病原微生物逐步达到无害。方法有日光照射、风吹雨淋等。

② 机械力清除就是用外力将鹌鹑舍地面、笼具和用具等表面的粪便、垫草、饲料残渣等污物去掉，同时大量有害病原体也被清除。冲洗、刷、擦、抹、扫、铲除等都是机械力清除最普通、常用的方法。这种方法虽然不能根除有害微生物，但是可将其大大减少。应根据具体情况决定是否需要先用清水或化学消毒剂喷洒，以免尘土飞扬，造成病原体散播，影响人和鹌鹑的健康。

③ 热力消毒就是利用高温、高压的作用将有害微生物除掉。方法有干热消毒、湿热消毒等。如利用火焰烧灼和烘烤鹌鹑舍地面、铁制笼具、墙壁和用具来消毒，这是简单而有效的常用消毒方法，缺点是使用范围受限制。大部分非芽孢病原微生物在100℃的沸水中迅速死亡。利用煮沸消毒，也是经常应用的方法，各种金属、玻璃用具及衣物等都可进行煮沸消毒。

④ 辐射消毒就是利用紫外线照射使微生物诱变致死，达到除掉有害微生物的目的。如利用紫外线灯发出的紫外线进行

人和物品表面及空气的消毒。

2. 化学消毒法

化学消毒是指用化学消毒剂作用于微生物和病原体，使其蛋白质变性，失去正常功能而死亡。目前常用的有含氯消毒剂（如漂白粉、次氯酸钠、氯胺、优氯净、二氧化氯等）、碱类消毒剂（如氢氧化钠、生石灰等）、氧化消毒剂（如过氧化氢、过氧乙酸和高锰酸钾等）、碘类消毒剂（如碘伏、络合碘等）、醛类消毒剂（如福尔马林、固体甲醛等）、酚类消毒剂（石炭酸、来苏尔、复合酚等）、醇类消毒剂（如乙醇）和季铵盐类消毒剂（如新洁尔灭、百毒杀、1210消毒剂等）等。

应用化学消毒法时应注意：使用溶液状态消毒剂，并且应使化学消毒剂与分泌物中的微生物直接接触，当消毒含有大量蛋白质的分泌物时应特别注意此点。应使用足够浓度的消毒剂和作用足够时间，还应注意消毒剂能起作用的温度。

3. 生物热消毒法

生物热消毒法是一种最常用的粪便污物消毒法，这种方法能杀灭除细菌芽孢外的所有病原微生物，并且不丧失肥料的应用价值，通常有发酵池法和堆粪法两种。

① 发酵池法适用于动物养殖场，多用于稀粪便的发酵。

② 堆粪法适用于干固粪便的发酵消毒处理。

（三）消毒剂选择

消毒剂种类很多，在实际应用中可根据用途与消毒剂特点选择使用，最理想的消毒剂应当是杀菌力强、价格低、无腐蚀性、可以长期保存、对动物无毒性或毒性较小、无耐药性或残留或环境无污染的化学药物。

化学消毒剂对微生物有一定选择性，即使是广谱消毒剂也存在这方面的问题。因为不同种类的微生物（如细菌、病毒、真菌、支原体等），或同类微生物中的不同菌株（毒株），或同一种微生物的不同生物状态（如芽孢体和繁殖体等），对同一种消毒药的敏感性并不完全相同。如细菌芽孢对各种消毒措施的耐受力最强，必须用杀菌力强的灭菌剂、热力或辐射处理，才能取得较好效果，故一般将其作为最难消毒的代表。其他如结核分枝杆菌对热力消毒敏感，而对一般消毒剂的耐受力却比其他细菌强。真菌孢子对紫外线抵抗力很强，但较易被电离辐射所杀灭。肠道病毒对过氧乙酸的耐受力与细菌繁殖体相近，但季铵盐类对之无效。肉毒毒素易被碱破坏，但对酸耐受力强。至于其他细菌繁殖体和病毒、螺旋体、支原体、衣原体、立克次体对一般消毒处理耐受力均差。

常见消毒方法一般均能取得较好效果。所以，在选择消毒剂时应根据消毒对象和具体情况而定。如用于蛋及用具等消毒，可用新洁尔灭配制成（1∶1000）～（1∶2000）的水溶液。用于鹌鹑舍、网具和排泄物消毒，可用来苏尔（煤酚皂溶液），浓度为3%～5%；若用于洗手，则浓度为2%～3%。熏蒸消毒，可用37%～40%的甲醛溶液（福尔马林）。鹌鹑舍、排泄物、环境消毒，可用氢氧化钠（烧碱），一般配成2%～3%的溶液。鹌鹑舍、墙壁、地面排泄物等消毒，可用10%～20%的生石灰（氧化钙）混悬液。鹌鹑舍、地面排泄物等消毒，也可用漂白粉配成2%～5%的混悬液，用时新鲜配制。雏鹌鹑肠道消毒、用具消毒及冲洗创伤等，可用0.1%～0.5%的高锰酸钾溶液。鹌鹑舍周围环境消毒，每2～3个月可用火碱液消毒或撒生石灰1次；场周围及场内污水池、排粪坑、下水道出口，每1～2个月用漂白粉消毒1次。鹌鹑舍清舍消毒，先清扫鹌鹑舍，用水冲洗后干燥，再用1%～2%烧碱或10%石灰乳消毒，然后移入已洗净的笼具等设备，用甲醛和高锰酸钾熏蒸消毒。蛋箱、蛋盘、孵化器、运雏箱可先用0.1%新洁尔灭消毒，然后在密闭室内于15～18℃温度下，用甲醛熏蒸消毒

5～10 小时。鹌鹑笼先用消毒液喷洒，再用水冲洗，待干燥后再喷洒消毒液，最后在密闭室内用甲醛熏蒸消毒。工作人员的手可用 0.2％新洁尔灭清洗消毒，忌与肥皂共用。带鹌鹑消毒，常用的消毒剂为：0.1％新洁尔灭、百毒杀（1∶400）、过氧乙酸（0.3％）、次氯酸钠（0.2％～0.3％）。

（四）鹌鹑场消毒时机

1. 进鹌鹑前消毒

购买雏鹌鹑或者育成鹌鹑进入育雏舍或育成舍的，至少提前一周时间对育雏舍或者育成舍及其周边环境进行一次彻底消毒，杀灭所有病原微生物。

2. 定期环境消毒

病原微生物的繁殖能力很强，无论养禽还是养畜，都要对畜禽圈舍及其周围环境进行定期消毒。规模化养殖场都要有严格的消毒制度和措施，一般每月消毒 1～2 次。

3. 带鹌鹑消毒

在整个饲养期内定期使用高效消毒剂对鹌鹑舍内环境和鹌鹑体表喷雾，以杀灭或减少病原微生物，达到预防性消毒的目的。带鹌鹑消毒应将喷雾器喷头高举空中，喷嘴向上喷出雾粒，雾粒可在空中缓缓下降，除与空气中的病原微生物接触外，还可与空气中的尘埃结合，起到杀菌、除尘、净化空气、减少臭味的作用，在夏季还有降温的作用。

带鹌鹑消毒喷出雾粒直径大小应控制在 80～120 微米，雾粒过大则在空中下降速度太快，起不到消毒空气的作用；雾粒过小则易被鹌鹑吸入肺泡，引起肺水肿、呼吸困难等。

要选择杀菌谱广、刺激性小的药物，水溶性差、带有异味、刺激性强的消毒剂不宜使用。药液浓度必须按照使用说明要求勾兑，不可任意加大或降低。喷雾剂用量可按每立方米空间 5 ～ 25 毫升。因每喷雾一次，可降低舍温 2 ～ 4℃，所以在冬夏不同季节，可灵活调节药液浓度或用量。每 3 ～ 5 天带鹌鹑消毒一次，使用的喷雾器最好为电动或机动，压强为 0.02 ～ 0.03 兆帕，喷出的雾粒大小及流量可进行调节，手动喷雾器达不到此要求。

4. 鹌鹑转群或者淘汰出栏后消毒

鹌鹑转群或者淘汰出栏后，舍内外病原微生物较多，必须来一次彻底清洗和消毒。消毒鹌鹑舍的地面、墙壁及其周边，所有清理出的垃圾和粪便要集中处理，鹌鹑粪可堆积发酵，垃圾可单独焚烧或者深埋，所有养殖工具要清洗和药物消毒。

5. 高温季节消毒

夏季气温高，病原微生物极易繁殖，是畜禽疾病的高发季节。因此，必须加大消毒强度，选用广谱高效消毒药物，增加消毒频率，一般每周消毒不得少于 1 次。

6. 发生疫情紧急消毒

畜禽发生疫病，往往引起传染，应立即隔离治疗，同时迅速清理所有饲料、饮水和粪便，并实施紧急消毒，必要时还要对饲料和饮水进行消毒。当附近有畜禽发生传染病时，还要加强免疫和消毒工作。

（五）消毒注意事项

① 参加消毒的人员穿着必要的防护服装，了解消毒剂的安全使用事项和处置办法。

② 搬出可移动物件，例如料槽、饮水器、清扫工具，并

单独清洗消毒。

③ 要记住将固定的供电设施绝缘。

④ 准备消毒剂：消毒剂按作用效果分为高效、中效、低效三类。高效消毒剂对病毒、细菌、芽孢、真菌等都有效，如戊二醛、氢氧化钠、过氧乙酸等，但其副作用较大，对有些消毒不适用；中效消毒剂对所有细菌有效，但对芽孢无效，如乙醇、碘制剂等；低效消毒剂属抑菌剂，对芽孢、真菌、亲水性病毒无效，如季铵盐类等。

配制消毒液时，应按照生产厂家的规定和说明，准确称量消毒剂，将其完全溶解，混合均匀。大多数消毒剂能溶于水，可用水作稀释液来配制，应选择杂质较少的深井水或自来水，但需注意水的硬度，如配制过氧乙酸消毒液，最好用蒸馏水。有些不溶于或难溶于水的消毒剂，可用降低消毒液表面张力的溶剂，以增强药液的消毒效果或消除拮抗作用。临床表明，乙醇配制的碘酊比用水配制的碘液好，相同条件下碘所发挥的消毒效力强。

⑤ 清洗消毒饮水系统（包括主水箱和过滤器）应单独进行。注意用消毒液清洗饮水系统的过程中乳头饮水器可能会堵塞，因此清洗完成后要检查所有的饮水器。

小贴士：

　　要保证鹌鹑养殖场平稳发展、鹌鹑群健康，最有效的办法就是消毒，做好消毒是控制场内鹌鹑疾病的不二法则。因此，养殖场要严格按照消毒计划、区分不同对象、选择适合的消毒剂、遵循消毒程序，一步一步认真地操作，切不可应付了事，更不可省略。

三、鹌鹑群免疫接种

免疫接种是指用人工方法将有效疫苗引入动物体内使其产生特异性免疫力，由易感状态变为不易感状态的一种疫病预防措施。根据免疫接种的时机不同，可将其分为预防接种和紧急接种两大类。免疫接种计划是根据不同传染病、不同动物及用途等多因素制定的。

（一）预防接种

在经常发生某些传染病的地区，或有某些传染病潜在的地区，或经常受到邻近地区某些传染病威胁的地区，为了防患于未然，在平时有计划地给健康鹌鹑进行的免疫接种，称为预防免疫（见视频7-1）。

视频7-1 免疫接种

家庭农场应根据所在地区、畜禽养殖场传染病的流行情况、鹌鹑群健康状况和不同疫苗特性，为本场的鹌鹑群制定接种计划，包括接种疫苗的类型、顺序、时间、次数、方法、时间间隔等过程和次序。免疫程序的制定，应至少考虑以下八个方面的因素：①当地疾病的流行情况及严重程度；②母源抗体水平；③上一次免疫接种引起的残余抗体水平；④鹌鹑的免疫应答能力；⑤疫苗的种类和性质；⑥免疫接种方法和途径；⑦各种疫苗的配合；⑧对鹌鹑健康及生产能力的影响。这八个因素是相互联系、互相制约的，必须统筹考虑。一般来说，免疫程序的制定首先要考虑当地疾病的流行情况及严重程度，据此才能决定需要接种什么种类的疫苗，达到什么样的免疫水平。如新城疫母源抗体滴度低的要早接种，母源抗体滴度高的推迟接种效果更好。目前还没有一个可供统一使用的疫（菌）苗免疫程序。

预防接种通常使用疫苗、菌苗、类毒素等生物制剂作为抗原激发免疫。用于人工主动免疫的生物制剂可统称为疫苗，包括用细菌和螺旋体制成的菌苗，用病毒、支原体、衣原体等制成的疫苗和用细菌外毒素制成的类毒素。根据所用生物制剂的性质和工作需要，可采取注射（见图7-2）、点眼、滴鼻、喷雾和饮水等不同的接种方法。不同疫苗免疫保护期限相差很大，接种后经一定时间（数天至三周），可获得数月至一年以上的保护力。

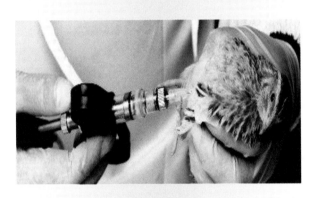

图7-2　注射疫苗操作

　　需要说明的是，在饲养过程中，预先制定好的免疫程序也不是一成不变的，而是要根据抗体监测结果和鹌鹑群健康状况及当地疫病流行情况随时进行调整。尤其是抗体监测可以查明鹌鹑群的免疫状况，指导免疫程序的设计和调整。

　　接种前，应注意了解本场及当地有无疫病流行，如发现疫情，则首先安排对该病的紧急防疫。如无特殊疫病流行则按照免疫接种计划进行定期预防接种。免疫接种后，要注意观察鹌鹑群接种疫苗后的反应，如有不良反应或发病等情况，应及时采取适当措施，并向有关部门报告。

为克服不良免疫反应，应根据具体情况采取相应措施。一般来说活疫苗引起的不良反应较多见，特别是在使用气雾、饮水、点眼、滴鼻等方法进行免疫时，往往易激活呼吸道的某些条件性病原体而诱发呼吸道反应，因此，在这种情况下对病毒性活疫苗可通过加抗生素、保护剂等措施减少应激。也可在免疫接种前或免疫接种时给被接种鹌鹑使用抗应激药物、抗生素等。另外，严格遵守操作程序、注意气候条件、控制好鹌鹑舍环境条件、选择适当的免疫时机等也能有效避免或降低免疫接种诱发的不良反应。

接种弱毒活疫苗前后各 5 天，鹌鹑应停止使用对疫苗活菌有杀灭力的药物，以免影响免疫效果。

疫苗接种后经过一定时间（10 ~ 20 天），用测定抗体的方法来监测免疫效果。尤其是改用新的免疫程序及疫苗种类时更应重视免疫效果的检查，这样可以及早知道是否达到预期免疫效果。如果免疫失败，应尽早、尽快补免，以免发生疫情。

商品肉用鹌鹑和种用鹌鹑免疫程序参考表 7-1、表 7-2。

表 7-1　商品肉用鹌鹑免疫程序

日龄	疫苗	用法
7	新城疫Ⅳ系冻干苗	饮水、点眼或滴鼻
10	禽流感疫苗	皮下注射 0.2 毫升
20	新城疫Ⅳ系冻干苗	饮水

表 7-2　种用鹌鹑免疫程序

日龄	疫苗	用法
1	火鸡疱疹病毒活苗（马立克病）	颈部皮下注射，1 羽份
5	禽流感疫苗	皮下注射 0.2 毫升
8	油乳剂多价灭活苗（大肠杆菌病）	皮下注射 0.2 毫升
10	新城疫Ⅳ系冻干苗	点眼

日龄	疫苗	用法
14	传染性法氏囊病弱毒苗	饮水
25	禽流感疫苗	皮下注射 0.3 ～ 0.5 毫升
28	传染性法氏囊病弱毒苗	饮水
60	禽副黏病毒油剂苗	皮下注射 0.3 毫升
90	禽霍乱油乳剂灭活苗	皮下注射 0.2 毫升
120	新城疫Ⅳ系冻干苗	饮水，1.5 羽份

（二）紧急接种

紧急接种是当鹌鹑群发生传染病时，为迅速控制和扑灭疫病流行，对疫区和受威胁区域尚未发病的鹌鹑群进行的应急性免疫接种。通常应用高免血清或血清与疫苗共同接种。

从理论上说，紧急接种以使用免疫血清较为安全有效。但因血清用量大、价格高、免疫期短，且在大批鹌鹑接种时往往供不应求，因此在实践中很难普遍使用。实践证明，使用某些疫（菌）苗进行紧急接种是切实可行的，尤其适合急性传染病。例如在发生新城疫等一些急性传染病时，已广泛应用疫苗紧急接种作为迅速控制疫情的重要措施并取得较好的效果。

注意，紧急接种只能对外观健康的鹌鹑进行。对患病鹌鹑及可能已受感染而处于潜伏期的鹌鹑，必须在严格消毒的情况下立即隔离，不能再接种疫苗。由于在外观健康的鹌鹑中可能混有一部分处于潜伏期的鹌鹑，这一部分患病动物在接种疫苗后不仅不能获得保护，反而会促使其更快发病，因此在紧急接种后短期内鹌鹑群中发病鹌鹑的数量有可能增多，但由于这些急性传染病的潜伏期较短，而疫苗接种后大多数未感染鹌鹑很快产生抵抗力，因此发病率不久即可下降，最终使疫情很快停息。

紧急接种是在疫区及周围的受威胁区进行，受威胁区的大小视疫病的性质而定。某些流行性强的传染病如禽流感，其受威胁区在疫区周围 5～10 千米。这种紧急接种的目的是建立"免疫带"以包围疫区，就地扑灭疫情，防止其扩散蔓延。但这一措施必须与疫区的封锁、隔离、消毒等综合措施相配合才能取得较好的效果。

> **小贴士：**
>
> 有组织、有计划的免疫接种，是预防和控制动物传染病的重要措施之一，在某些传染病如新城疫等病的防控措施中，免疫接种更具有关键性的作用。
>
> 虽然疫苗接种是预防传染病的重要手段，但也要加强饲养管理，提高鹌鹑的抗病力，做好消毒和隔离，减少疫病传播机会，防止外来疫病侵入等。

四、通过观察法鉴别病鹌鹑

鹌鹑发生疾病以后，会不同程度地表露出一定的外部病态，需要养殖人员掌握鹌鹑的正常行为表现，在采用正确的观察方法基础上，遵循先远后近、先静后动的原则，每天定时观察鹌鹑的采食、饮水、呼吸、粪便、皮肤、羽毛、口腔等，及时掌握鹌鹑群的健康状况。

（一）精神状态

精神异常是病鹌鹑早期的先兆症状，是疾病表现的一个显著特征。健康鹌鹑精神饱满，活泼好动，反应机警，不时地走动，双眼有神，口鼻清亮。病鹌鹑与健康鹌鹑相反，精神沉郁，反应迟钝，羽毛蓬乱，不愿走动，双眼痴呆，眼角和鼻孔有黏稠分泌物附着。观察鹌鹑的头颈是否肿大，鼻孔有无鼻液。用手触摸鹌鹑的食管，检查是否积食或积气。

（二）采食和饮水

饲养员应每天观察鹌鹑的采食和饮水状态，并做好饲料消耗量和饮水量记录。健康鹌鹑食欲旺盛，采食极快，开喂时群养鹌鹑则聚集食槽边，急不可待；笼养鹌鹑则争相伸头抢食；而病鹌鹑食欲减退，采食缓慢。病症轻者吃食少许，重症者食欲废绝、采食中止，甚至开喂时对饲料毫无反应，不予理睬。

一般情况下，气温高时，鹌鹑的采食量有所减少，饮水量增加；气温低时，采食量增加。在鹌鹑患病时，一般都会出现采食量减少的现象。食欲下降常见于一般性疾病及热性病；食欲不定多为慢性消化器官疾病；食欲废绝多见于各种重症疾病。但有时也会出现食欲亢进，如鹌鹑在疾病恢复期，或患有代谢障碍疾病及肠寄生虫病时，就会有较长时间的食欲亢进。而当机体内缺乏某种维生素、微量元素或患有寄生虫病时，会发生异嗜现象，如鹌鹑食羽症就与体内缺少硫有关。饮水除与气温变化有关外，还与运动及饲料含水量多少有关。吃干饲料饮水量会增多；当鹌鹑发生下痢、胃肠炎、食盐中毒和热性病时，饮欲增强；当鹌鹑发生舌炎、口腔炎时，饮食欲减小。

（三）呼吸

雏鹌鹑的正常体温为40℃左右，雄鹌鹑的正常体温为41～42℃。每分钟的呼吸频率为雄鹌鹑35次，雌鹌鹑50次。

观察鹌鹑的呼吸时，应注意鹌鹑的呼吸频率、呼吸是否均匀及有无咳嗽、喘鸣音、打喷嚏、张口伸颈呼吸、甩头等异常动作。当气温增高时，鹌鹑的呼吸开始加快。在鹌鹑患有热性传染病或肺炎时，表现为（气）喘、呼吸频率加快。

（四）粪便

鹌鹑粪便是鹌鹑健康最直接的表现，要养成每天看鹌鹑粪便的习惯。养殖人员每天要对鹌鹑粪便进行仔细观察，如粪便的形状、颜色、气味，有无黏液、寄生虫、异物及尿酸盐的多少等。健康鹌鹑不时排便，粪便外覆白色薄层（尿酸），色形正常，不带异臭。患病鹌鹑排便减少，粪便稀黏，呈黄绿色，常带恶臭，甚至夹带黏液和脓血，或混有消化不全的食物碎片。如患白痢时，鹌鹑排出白色糊状或灰石灰样稀便。患新城疫时，排出黄色或黄绿色稀便。患球虫病时，排出棕色或带血稀便。患寄生虫病时，粪便中有虫体。鹌鹑腹泻时，不断排出粥样、液状或水样便。轻度短时间的腹泻，常由于饲料急剧变化或食盐过多。顽固而重剧的腹泻，则表示肠道有炎症过程，如肠炎等。

（五）皮肤

皮肤是健康之镜，健康鹌鹑的皮肤柔软且有弹性、肤色自然，而患病鹌鹑的皮肤则不同。应注意观察鹌鹑裸露皮肤的颜色及有无肿胀、疣、痘等。例如鹌鹑患皮肤型痘时，鹌鹑的喙、眼皮、脚等处可出现痘。患疥癣时，要尽早发现，口角处的皮肤变化，一旦蔓延至喙及眼部，就已经很严重了。外伤时，皮肤有创伤和出血。

（六）羽毛

健康鹌鹑羽毛丰满、光泽亮丽。逆拨羽毛，看皮肤有无破损、出血及寄生虫。看泄殖孔四周的羽毛有无粪便黏着。当患病时，羽毛蓬乱、无光泽，整个体型显得臃肿。有寄生虫寄生于羽毛上或泛酸、叶酸、锌、硒和维生素 A 缺乏时，羽毛生长缓慢、粗乱、易掉、易折断或褪色。

（七）眼睛

一般情况下，鹌鹑患任何疾病均表现出眼睛无神。健康鹌鹑的眼睛炯炯有神，瞳孔为圆形。应观察鹌鹑的眼结膜有无充血、眼睑是否浮肿、有无流泪和眼屎。有些鹌鹑病能引起晶状体浑浊，甚至失明。某些鹌鹑病的症状为闭目、流泪、肿胀或有干酪样物等病变。维生素 A 缺乏时，患干燥性眼炎。值得注意的是，眼病有时候是感冒的一种表现，需要看是否有其他的病变。

（八）口腔

观察鹌鹑口腔时，应注意鹌鹑的口腔黏膜、舌和硬腭的状态及黏液的变化。掰开嘴，查看口腔及喉头黏膜有无炎症和分泌物。看口腔、鼻腔是否有内容物流出，观察其数量、颜色和黏稠度。如新城疫或有机磷中毒时，口腔黏液增多。患白喉时，口腔黏膜出现黄色斑点。患鹌鹑痘时，口腔黏膜出现纤维素性坏死增生病灶。

（九）营养状况

在排除鹌鹑因各种疾病表现出营养状况改变以外，营养良好的鹌鹑轮廓浑圆，胸部丰满，皮肤富有弹性，羽毛光泽，喙油润，眼睛炯炯有神。营养不良的鹌鹑胸骨露出，皮肤干燥、缺乏弹性，羽毛松乱，色彩不艳丽。营养不良常是由于饲料不足、饲料搭配不当、消化不良、吸收障碍、长期下痢或寄生虫病及其他疾病。

五、鹌鹑常见病防治

（一）新城疫

新城疫又称亚洲鸡瘟，俗称伪鸡瘟，是由新城疫病毒引起的一种急性、热性、败血性传染病。鸡、火鸡、鹌鹑，以及野鸡对该病有易感性，其中鸡的易感性最高。近年鹌鹑发病率呈现走高的趋势，给生产造成了很大的经济损失。

病毒主要存在于病鹌鹑的唾液、粪便等，通过饲料、饮水、空气和用具，经呼吸道和消化道途径传染健康鹌鹑。一年四季均可发生，但以深秋、冬季和早春发病较多，不同日龄的鹌鹑均可发病，以 40～70 日龄青年鹌鹑发病较多，7 月龄以上发病率较低，雏鹌鹑死亡率高。随着日龄的增加，机体对该病的抵抗力增强，发病率降低，死亡率也降低。蛋鹌鹑患此病后产蛋量明显下降。

鹌鹑新城疫可以分为最急性型、急性型和慢性型三种。

（1）最急性型　发病迅速、突然，鹌鹑几乎没有异常的临床症状而突然死亡，但死亡率不高。

（2）急性型　病初鹌鹑体温升高，精神不振，食欲减少或废绝，喜饮水。随着病情的发展，临床症状增多且明显，嗉囊内有积液或气体，倒提从口腔内流出大量黏液，黏液酸臭，呈暗灰色。病鹌鹑羽毛松乱，不愿走动，眼半闭或全闭，离群呆立，缩颈，冠和肉髯呈紫色；呼吸困难，常发出喘鸣声；腹泻严重，排黄白色或黄绿色粪便，有时粪便中含有血液；病程长的出现头部颤抖、向前伸，站立不稳或偏瘫，腿麻痹等神经症状（见图 7-3）。产蛋鹌鹑产蛋量下降，软壳蛋、白壳蛋增多，一般 2～3 天死亡，病死率高。

（3）慢性型　多发于流行后期的成年鹌鹑，散发，死亡率低，以神经症状为主，呈兴奋、麻痹及痉挛状态，动作失调，

图7-3 患病鹌鹑出现神经症状

步态不稳，头颈歪斜，时而抽搐，少走动；羽翼下垂，消瘦，有时腹泻，最后死亡。

【防治措施】预防该病最好的方法就是按照免疫程序进行预防接种，并搞好环境控制和饲养管理。

免疫接种。5～7日龄用鸡新城疫Ⅱ系疫苗，或新城疫Ⅳ系疫苗，或克隆30疫苗，或新城疫Ⅱ系疫苗滴鼻、点眼；28～35日龄和60～70日龄分别进行饮水免疫。采用饮水免疫前要停止供水，观察到鹌鹑有饥渴感的时候进行饮水免疫，并保证所有鹌鹑均能饮到水，且在2小时内饮完。

加强饲养管理。一是减少应激反应；二是严禁混养其他家禽；三是饲料中应适当增加多种维生素、鱼粉、微量元素等营养成分，也可在饮水中加入多种维生素，以提高鹌鹑的抵抗力；四是保持鹌鹑舍的清洁卫生，坚持定期做好周围环境和鹌鹑舍内地面、墙壁、用具的消毒；五是淘汰已经发病、体弱鹌鹑，并做好无害化处理。

该病无特效治疗药物，中草药对慢性病有一定的疗效。发病鹌鹑可用新城疫高免血清肌内注射，每只 0.5 ～ 1 毫升；也可用新城疫高免蛋黄，每只 1 毫升，进行治疗。用新城疫高免血清和高免蛋黄治愈的鹌鹑，第 7 天用新城疫Ⅳ系疫苗饮水或滴鼻、点眼。发病鹌鹑还可以用新城疫Ⅱ系疫苗，或克隆 30 疫苗，或新城疫Ⅳ系疫苗进行紧急预防接种。

（二）马立克病

马立克病是马立克病毒引起的一种慢性、消耗性、以肿瘤为特征的危害性很大的传染病。雏鹌鹑对该病易感，3 周龄以上的鹌鹑最易感染，成年鹌鹑发病较少。病毒通过羽毛传播，也可通过接触传染和饲料传播。病鹌鹑和带毒鹌鹑是主要的传染源，患病鹌鹑可终身带毒。该病无明显的季节性，但以夏秋季节多发。此病传染性强，死亡率高，鹌鹑场一旦发生将很难根除。

病鹌鹑食欲减少，日渐消瘦，排绿色粪便，喜卧。轻者影响生长发育和产蛋，严重者衰竭死亡。病毒侵害神经时，病鹌鹑表现一肢或两肢腿麻痹，翅下垂，运动失调（见图 7-4）；侵害内脏时，肝、脾、肾等脏器形成大小不等突出表面的圆形灰白色肿瘤；侵害眼睛时，瞳孔缩小，呈灰绿色甚至失明。

图 7-4　患病鹌鹑运动失调，翅下垂

【防治措施】疫苗接种是防控该病的关键，以防止出雏室和育雏舍早期感染为中心的综合性防控措施对提高免疫效果和减少损失亦起重要作用。

为了预防该病，可采取以下措施。一是发过病的鹌鹑场、出壳 24 小时内的初雏，隔离并用马立克疫苗按说明要求进行预防接种，可颈部皮下每只注射 0.2 毫升。二是定期检疫，净化发生过马立克病的鹌鹑场。发现病鹌鹑或琼脂扩散试验阳性者，立即淘汰。三是对种蛋、孵化器、出雏盘要进行严格的熏蒸消毒。减少育雏饲养密度，及时清除羽毛、皮屑、粪便等污物，并彻底焚烧或消毒。该病无特效治疗方法，目前可试用抗病毒药物及中药进行治疗。

（三）传染性支气管炎

鹌鹑传染性支气管炎是由传染性支气管病毒引起的一种常见急性、高度接触性呼吸道疾病。该病常发生在雏鹌鹑阶段，1 月龄以内的雏鹌鹑最易感，常突然发病、传播速度快，以喘气、咳嗽、打喷嚏、流鼻液等呼吸道症状为主要特征，产蛋鹌鹑可表现为产蛋量减少和蛋品质下降，是危害养禽业的重大传染病之一。

鹌鹑支气管炎可分为呼吸型、肾型和腺胃型等传染性支气管炎。

（1）呼吸型传染性支气管炎 以雏鹌鹑多发，发病后以呼吸困难为特征，有的呈张嘴呼吸、鼻腔有分泌物、常常甩头。病鹌鹑精神、食欲很差。病后 1 ~ 2 天鹌鹑开始死亡，并且死亡呈直线上升，约 1 周后死亡开始下降。成年鹌鹑发病除有一定呼吸道症状外，产蛋明显下降，蛋的质量也下降。

（2）肾型传染性支气管炎 以 20 日龄左右的鹌鹑多发，发病鹌鹑精神、食欲差，呼吸道症状不明显，或呈一过性，排灰白色稀便，死亡快且呈直线上升。

（3）腺胃型传染性支气管炎 以 40 ~ 80 日龄鹌鹑多发，鹌鹑群发病传播速度较上述两型要慢。病鹌鹑精神、食欲差，有呼吸道症状，比慢性呼吸道疾病的呼吸道症状明显且严重。

传染性支气管炎流行初期，要注意与新城疫、禽流感和传染性喉气管炎等相区别。

【防治措施】该病的预防应主要从改善饲养管理和兽医卫生条件，减少对鹌鹑群不利应激因素，以及加强免疫接种等综合措施方面入手。

在做好清洗和消毒基础上，主要是接种疫苗。接种新城疫疫苗时，同时接种传染性支气管炎疫苗。7日龄接种 H120 疫苗。28～30日龄接种 H120 疫苗，同时用新城疫和传染性支气管炎油苗肌内注射，每只 0.5 毫升。对于饲养周期长的鹌鹑群最好每隔 2～3 个月用 H52 疫苗喷雾或饮水免疫。

该病目前尚无特效药物治疗。改善饲养管理条件，降低鹌鹑群饲养密度，加强鹌鹑舍消毒，降低饲料中蛋白质含量，并适当补充钾和钠，控制其他病原的继发感染或混合感染将有助于减少损失。使用红霉素、强力霉素（多西环素）饮水，以防继发感染。对幼龄时发生过传染性支气管炎的种鹌鹑或蛋鹌鹑群以及早淘汰为宜。

（四）慢性呼吸道病

慢性呼吸道病是由败血性支原体引起的传染病，病鹌鹑和带菌鹌鹑是主要的传染源。病原体可通过病鹌鹑咳嗽、打喷嚏的飞沫和尘埃经呼吸道传染，被污染的饮水、饲料、用具也能传播该病。环境因素也起着影响慢性呼吸道感染流行的重要作用。饲养管理条件差、通风不良、湿度大、饲养密度大、卫生条件差等均是诱发该病的重要原因。

呼吸声音异常是典型症状。发病后传播速度快，很短时间内蔓延到全群。病鹌鹑流泪、流鼻液、咳嗽、羽毛松乱、呼吸困难。鼻腔充满液体，眼睑肿胀，最后眼部突出，甚至死亡。该病发病率高，死亡率不高，但严重影响生长发育。该病如得不到有效的控制和净化，商品蛋鹌鹑产蛋率会受到很大影响。

环境变化、应激可诱发该病反复发生。种鹌鹑还可以通过种蛋将该病传给后代，影响后代的成活率和产蛋性能。

【防治措施】加强饲养管理，提供平衡营养的饲料，注意清洁卫生，舍内不堆积鹌鹑粪，保持舍内空气新鲜、加强通风换气、减少饲养密度是预防该病的有效措施。冬季寒冷季节应做好防寒保温，防止贼风和温度忽高忽低对鹌鹑的侵袭。可在40日龄用败血性支原体疫苗接种预防。

治疗可选用支原净（泰妙菌素）、北里霉素、链霉素、强力霉素等药物。用药治疗时，停药后往往复发，因此应考虑几种药物轮换使用。

（五）鹌鹑痘

鹌鹑痘是由禽痘病毒属的鹌鹑痘病毒引起的一种常见的病毒性传染病。主要发生在青年鹌鹑，通过蚊子、黏膜伤口感染。以体表无羽毛部位散在的、结节状的增生性皮肤病灶为特征，也可表现为上呼吸道、口腔和食管部黏膜的纤维素性坏死增生病灶。

该病多发于幼龄的鹌鹑，由健康鹌鹑与病鹌鹑接触引起，脱落和碎散的痘痂是病毒散布的主要形式，一般需经损伤的皮肤、黏膜而感染，蚊子及体表寄生虫可传播该病。该病一年四季均可发生，以春秋两季和蚊子活跃的季节最易流行。饲养环境条件差（拥挤、通风不良、阴暗、潮湿）、体表寄生虫、维生素缺乏和饲养管理恶劣都会使病情加重。如有葡萄球菌病、传染性鼻炎、慢性呼吸道病等并发感染可造成死亡。

患病鹌鹑眼肿，流泪，流鼻涕，脸、眼皮无羽区生长一种疣肉状结节，眼睑内充满干酪样渗出物，呼吸困难，最后死亡。

【防治措施】改善环境条件，定期消毒，加强饲养管理，消灭蚊子都是预防该病发生的有力措施。因此，要经常清除鹌鹑舍周围的杂草及小水坑，并对舍内外排水沟及角落喷洒杀虫剂。夏秋季节安装防蚊纱门窗，定期用 5% 溴氰菊酯（每千克水加 25 ~ 300 毫克）等喷雾灭蚊。

为了预防该病，可用鸡痘弱毒冻干疫苗预防接种，每年春秋各进行 1 次。用灭菌生理盐水按 1∶200 加倍稀释疫苗，用刺种针或新钢笔尖蘸取疫苗在翅膀内侧无血管处皮下刺种，20 日龄刺种 1 次，2 月龄再刺种 1 次；成年鹌鹑刺种 1 次即可。接种 3 ~ 7 天后，检查刺种部位是否出现痘疹和结痂。刺种部位出现轻微红肿、结痂及痂块脱落，表示接种成功。

发现病鹌鹑应及时隔离，病轻者先用镊子除去痂皮或假膜，再涂擦 2% 碘甘油，用红霉素软膏涂眼，一日两次，并适当应用抗菌药物防止感染。病情严重的及病死鹌鹑应进行无害化处理。病禽的羽毛、皮屑要严格消毒，新引进鹌鹑隔离观察 1 周以上，无病方可合群。

（六）鹌鹑白喉

鹌鹑白喉是嗜血杆菌、芽孢杆菌、大肠杆菌和葡萄球菌等侵入鼻腔、口腔、咽喉、眼睑等部位引起的一种传染性疾病。该病梅雨季节多发、幼鹑多发。白喉一旦暴发，蔓延很快。患病初期眼睛肿，流水样鼻液，流泪，打喷嚏，食欲减退，体弱气衰，眼内出现黄色渗出物，口腔黏膜出现黄色斑点。

【防治措施】加强饲养管理，平时保持清洁卫生，做到饲料净、饮水净、鹌鹑体净。冬季，注意防寒保暖。一旦发现病鹌鹑，迅速转移隔离饲养，防止传染。

治疗可按规定的比例将多种维生素和土霉素拌入饲料和水中喂病鹌鹑，并把病鹌鹑的头置于 0.5% 的高锰酸钾液或 16% 的过氧乙酸溶液中，洗涤消毒。重病鹌鹑淘汰。

（七）鹌鹑白痢

鹌鹑白痢是由鸡白痢沙门菌引起的一种烈性、细菌性传染病，传播快，流行广，死亡率高，对雏鹌鹑危害很大。该病可垂直传播，也可以水平传播。

病鹌鹑精神不振，缩头怕冷，翅膀下垂，羽毛干燥无光泽，食欲大减，呆立不动，常常聚堆，频频排出有恶臭的黄白色或灰白色的稀便，常黏结在泄殖腔四周的羽毛上（见图7-5）。发出连续不断的轻声鸣叫，病程长的鹌鹑消瘦，手摸似枯柴棒。如果治疗不当，体质瘦弱，常有痉挛症状，最后导致死亡。成年鹌鹑得病后临床症状不明显，由于病菌常寄生在生殖器官，致使母鹌鹑产蛋减少、受精率低，因而孵化率也低。副伤寒的症状与白痢基本相同，但肝脏肿大出血。

图7-5　患病鹌鹑排灰白色稀便，泄殖腔四周污染

【防治措施】带菌的母鹌鹑产的蛋内有沙门菌，可使幼鹌鹑患先天性白痢，孵化中若消毒不严，会使白痢传播延续。因此应对种鹌鹑群进行检疫，净化白痢病，检出的阳性鹌鹑严格淘汰，防止垂直传播。其次应改善育雏环境，让鹌鹑和粪便分离，育雏温度适宜，及时淘汰病雏。

饲料中拌入 0.4% 的土霉素粉，连喂 5 ～ 7 天。也可采用饮水中每天添加链霉素 3000 单位 / 只，连用 5 ～ 7 天。或者在饮水中每天添加庆大霉素 5000 单位 / 只，连用 5 ～ 7 天。或者用磺胺类药物治疗，磺胺嘧啶按 0.5% 比例拌于饲料喂服，连喂 3 ～ 5 天，停 3 天再反复喂服 2 次为佳。

（八）禽伤寒

禽伤寒是由鸡伤寒沙门菌引起的一种败血性传染病。病鹌鹑和带菌鹌鹑是主要传染源，其粪便内含有大量病菌，可通过土壤、饲料、饮水、用具、车辆和环境等进行水平传播。病菌主要入侵途径是消化道，其他途径还包括眼结膜等。经蛋垂直传播是另一种重要的传播方式。该病主要发生于鸡、鸭、鹌鹑、野鸡等，以肝、脾肿大，肝呈黄绿色或古铜色为特征。潜伏期 4 ～ 5 天，一般死亡率为 20% ～ 50%，幼鹌鹑死亡率高。

病鹌鹑早期精神不振，缩头闭眼，离群呆立，继而精神沉郁，羽毛松乱，食欲消失，极度口渴，体温升高，缩颈垂头，翅膀下垂，呼吸困难，或打咯声，排黄绿色稀便，肛门周围粘有污粪。病程约 5 天，慢性病程可拖至 2 ～ 3 周。

【防治措施】加强饲养管理，搞好环境的消毒与卫生，最大限度地减少外来病菌的侵入；通过净化措施，建立健康种鹌鹑群，从根本上切断该病传播的途径；合理使用药物进行预防和治疗。

在该病发生时，对患病鹌鹑进行隔离，治疗药物可用氟苯尼考。对鹌鹑舍及用具等进行严格消毒，对病死鹌鹑进行无害化处理。全群用 0.1% 高锰酸钾溶液作饮水。

（九）大肠杆菌病

大肠杆菌病是由大肠杆菌引起的一种传染病，包括急性败血症、脐炎、气囊炎、肝周炎、肠炎、关节炎、肉芽肿和卵黄性腹膜炎等。该病是一种条件性疾病，改善环境是预防该病发生的有效措施。大肠杆菌主要通过消化道、呼吸道、脐部和皮肤伤口感染。

病鹌鹑出现脐部感染变红、大肚子、腹水症、眼炎、呼吸声音异常、败血症、精神萎靡、羽毛散乱（见图7-6）、脱肛、排稀便、关节炎等症状。

图7-6　患病鹌鹑精神萎靡、羽毛散乱

【防治措施】加强饲养管理，勤刷水槽及饮水器具，使用优质饲料，增强抗病力。改善舍内通风条件，保证舍内空气新鲜；合理饲养，饲养密度适中。杜绝使用腐败变质和受霉菌、大肠杆菌污染的饲料。

治疗可在饲料中添加土霉素粉，也可使用阿莫西林或硫酸庆大霉素3～5天，有良好的疗效。此外，还可用壮观霉素、恩诺沙星和庆大霉素等饮水或拌料。5%的恩诺沙星饮水剂100毫升＋65千克水连续饮用5天，或每天给予庆大霉素5000单位/只，连续饮用5天，都可收到良好的治疗效果。

（十）溃疡性肠炎

溃疡性肠炎是一种由产气荚膜梭菌引起的以肠道溃疡和肝脏坏死为特征的传染病。这种病最早发现于鹌鹑，故又称鹌鹑病。该病主要通过消化道感染，苍蝇是该病的主要传播媒介。饲喂不清洁、腐败变质饲料，鹌鹑舍潮湿，易诱发该病，4～12 周龄的鹌鹑最易感染。

病鹌鹑主要症状为食欲不振，饮水量增加，下痢，羽毛脏。排出含有大量尿酸盐的白色稀便，后转成绿色、褐色的水样粪便。拱背，闭眼，动作迟缓。病程一般为 5～10 天，极度消瘦，死亡率高。雏鹑死亡率高达 100%，成年鹌鹑 50% 左右。

【防治措施】加强饲养管理。注意做好日常管理和清洁卫生工作，杜绝使用腐败霉变饲料。由于该病原菌带有荚膜，一般消毒药很难奏效，因此最好的办法是隔离病鹌鹑，严格消毒，彻底消灭病原菌。此外，对发生过该病的鹌鹑舍和笼具采用火焰消毒的方法，消毒效果更好。

该病可用抗生素治疗。成年鹌鹑每天用链霉素和青霉素各 2 万单位 / 只，饮水，连用 5 天，效果较好。也可选用磺胺嘧啶、金霉素等药物拌料或饮水，但没有前面几种药物治疗效果好。

（十一）葡萄球菌病

鹌鹑葡萄球菌病是由金黄色葡萄球菌感染引起鹌鹑多部位发生炎症的一种败血性传染病。该病各种年龄的鹌鹑均可感染，但对幼鹌鹑及青年鹌鹑危害最大。

鹌鹑患此病初期精神沉郁，食欲减退或废绝，昏睡，腹部膨胀，缩颈闭目，羽毛蓬乱，双翅下垂，排白色稀便；中后期有的出现趾关节肿大、跛行等症状，有的呼吸困难、发生抽搐，一般经 2～6 天死亡。

【防治措施】加强环境消毒，用高效消毒液对孵化室、育雏舍、用具、地面、墙壁等消毒，然后用甲醛进行熏蒸消毒，杀灭禽舍内的葡萄球菌。对刚出壳的雏鹌鹑的脐部涂紫药水。

治疗可用强力霉素、庆大霉素、青霉素、链霉素等药物。选用强力霉素和庆大霉素通过饮水给药，或全群按每毫升水加青霉素、链霉素各 800 国际单位，让其自由饮水。

对病死鹌鹑进行无害化处理，彻底清除污染物，鹌鹑舍和饲养用具用氢氧化钠溶液严格消毒，周围环境用生石灰水彻底消毒。

（十二）曲霉菌病

鹌鹑曲霉菌病是由曲霉菌属的曲霉菌引起鹌鹑的一种以呼吸系统功能紊乱为特征的霉菌性传染病。病原主要侵害呼吸系统，有时在全身各处也形成病灶，通常是因健康鹌鹑接触污染的发霉饲料或垫料而感染。各年龄鹌鹑均易感，成年鹌鹑多为散发，呈慢性经过，幼鹌鹑易感性最高。其可分为急性型和慢性型。

（1）急性型 1 月龄内的鹌鹑呈急性经过。潜伏期一般 2 ～ 7 天。病初精神不振，食欲减少，频频饮水，羽毛蓬乱，两翅下垂，呆立一角，闭目无神，呼吸气喘、频数，呈腹式呼吸。冠部及口腔黏膜青紫色。有的病例鼻流浆液性、脓性分泌物，结膜发炎、眼睑肿胀。有的病例皮肤呈现黑褐色坏死。

（2）慢性型 幼鹌鹑发育缓慢，体况消瘦，闭目呆立，步态不稳，口腔黏膜出现溃疡，时有腹泻；成年鹌鹑多呈慢性经过；雌鹌鹑产蛋停止或减少。

该病易与白痢混淆，白痢肺内结节比较柔软，不如曲霉菌病肺内结节硬实。白痢有明显的下痢，肛门周围黏聚有白色，有时呈绿色的排泄物。

【防治措施】加强饲养管理，改善鹌鹑舍卫生条件。鹌鹑舍安装通风设备，温湿度要适宜。严禁使用发霉的饲料和垫料。

治疗上采用制霉菌素5000单位/只，每天2次，混入饲料中饲喂，连用5天。同时用1/3000～1/2000硫酸铜溶液连饮3～5天，中间停3天，再饮一个疗程，可控制病情。还可以采用克霉唑治疗。

（十三）球虫病

鹌鹑球虫病是危害雏鹌鹑的一种急性原虫病，尤以2～10周龄的鹌鹑最易感染。平养鹌鹑的感染机会多于笼养鹌鹑，若发现病情较晚或治疗不当，常会引起大批死亡。球虫大多寄生在鹌鹑小肠，以前段小肠为多；寄生在盲肠和直肠较少，以盲肠球虫致病力最强。鹌鹑球虫病可分急性型和慢性型两种。

急性型病程为数天到2～3周。病鹌鹑精神委顿，羽毛蓬松，呆立一角，食欲减退，肛门周围羽毛被带血稀便污染，两翅下垂，饮欲增强，消瘦贫血。病鹌鹑排棕红色便，病后期发生痉挛并进入昏迷状态，很快死亡。

慢性型多见于2月龄后的成年鹌鹑，症状较轻，病程较长，可达数周到数月。病鹌鹑逐渐消瘦，足翅常发生轻瘫，产蛋较少，间歇性下痢，但死亡率不高。

【防治措施】预防鹌鹑球虫病应搞好雏鹌鹑的饲养管理和环境卫生，保持适当的舍温和光照，通风良好，饲养密度适中，供应充足的维生素A。一旦发生此病，要采取隔离治疗，并做好消毒工作。用药预防或治疗时，为避免产生耐药性，提高药效，应交替使用多种有效药物。

治疗球虫病的药物很多，常用的药物预防办法有：敌菌净拌饲料，15天为1个疗程，连用2～3个疗程。克球粉拌饲料，连用3～4个疗程。磺胺二甲基嘧啶拌饲料，饲喂3～4天，停药2天后再饲喂3天。

（十四）石灰脚病

石灰脚病的病原体是一种寄生螨类，多寄生在鹌鹑的胫部和趾部，常在其脚部、皮肤下产卵并发育成虫。

病鹌鹑患部皮肤发炎，有炎性渗出物，形成白色或黄色结痂，好像附着一层石灰，所以叫石灰脚病。严重时，引起关节肿胀，趾骨变形，行走困难，食欲不佳，生长受到影响，产蛋量下降。

【防治措施】保持鹑舍卫生，定期消毒，地面常撒生石灰，并坚持用 0.125％～ 0.5％双氯苯氧苄菊酸酯喷洒鹌鹑舍墙壁、地面、笼架等。切忌将药液喷洒在饲料、饮水及食槽内，以防中毒。

治疗方法有多种，主要是采用局部涂搽或药浴方法进行治疗。可用 4％硫黄软膏涂搽患处，每天 2 次，连用 3 ～ 5 天。也可先用温水洗去痂皮，然后用 3％敌百虫溶液浸泡 4 ～ 5 分钟，严重的可隔 2 ～ 3 周再泡一次。用石蜡油 100 毫升和兽用 5％碘酊 10 毫升混合涂搽患部，每天涂搽 2 次，早晚各 1 次，连用 2 ～ 3 次，即可痊愈。用煤油涂搽患部，疗效较好。

（十五）啄癖症

鹌鹑啄癖症包括啄羽、啄蛋、啄肛、啄趾、啄鼻等。该病发生原因较为复杂，但主要与饲养管理不善有直接关系。如日粮不足使鹌鹑处于饥饿状态；饲养条件不良，温湿度不适宜，通风不好，光线太强，饲养密度过大，鹌鹑舍卫生差；日粮配合不当，赖氨酸、甲硫氨酸、亮氨酸和胱氨酸含量不足，日粮中缺乏某些矿物质、微量元素和某些必需维生素。

患啄趾的鹌鹑时而啄自己的趾，时而啄其他鹌鹑的趾，使趾破损出血，甚至发炎、溃烂。

患啄羽的鹌鹑神态不安，时而啄自身羽毛，时而啄其他鹌鹑的羽毛，甚至背部、尾部羽毛被啄光，皮肤裸露（见图 7-7、

图 7-8）。

图 7-7 被啄伤背部的鹌鹑   **图 7-8** 被啄伤头部的鹌鹑

患啄蛋的鹌鹑在产蛋后，自己立即啄食，或被其他鹌鹑啄食，尤其产薄壳蛋或软壳蛋时，抢食更为严重。

患啄肛的鹌鹑相互啄肛，致使肛门破损出血，严重者引起泄殖腔及肛门发炎，或发生溃烂。

患啄鼻的鹌鹑，相互啄鼻，致使鼻端破损出血，鼻道发炎，炎性分泌物阻塞鼻腔，呼吸困难。

【防治措施】

预防上，可在鹌鹑 1～9 日龄时进行断喙，防止发生啄癖。同时饲养管理上要保持环境卫生，控制鹌鹑的饲养密度，实行低强度光照，供给全价饲料。自己配制饲料的，要注意补充动物性蛋白质饲料、矿物质、维生素等，如补充鱼粉、骨粉、贝壳粉，以及氨基酸和维生素等。饲喂要及时、足量，保证鹌鹑吃饱吃好。产蛋鹌鹑实行笼养，应调整好产蛋笼底网角度和缝隙，保证鹌鹑产的蛋能及时滚出。

治疗上，发现有啄癖的鹌鹑应立即隔离饲养和治疗，并及时查找引起啄癖的原因，采取相应的防范措施。对被啄伤的鹌鹑患部进行局部消炎处理，防止继发感染。脱肛鹌鹑取出隔离饲养，在啄伤处涂抹紫药水或四环素软膏（见图7-9）。

　　由于家庭农场饲养的鹌鹑通常都在几万只以上，如发现个别被啄伤的鹌鹑，采取治疗费工费力，应以淘汰为主，没有实际治疗意义。对此病应以预防为主，有条件的可以断喙（见图7-10）。

图7-9　对被啄伤部位用碘伏进行处理　　　图7-10　断喙

第八章

鹌鹑产品的加工

鹌鹑肉、蛋，味道鲜美，营养丰富。鹌鹑蛋可加工成虎皮蛋罐头、五香鹌鹑蛋、卤香鹌鹑蛋、乡巴佬鹌鹑蛋、风味鹌鹑蛋等鹌鹑蛋食品。鹌鹑肉可加工成脱骨扒鹑、熏鹌鹑、鹌鹑肉干、五香鹌鹑、脆皮鹌鹑、虫草鹌鹑、糟香鹌鹑等。

一、鹌鹑肉的加工

（一）鹌鹑的屠宰

1.屠宰前的准备

鹌鹑屠宰前的管理工作是十分重要的，因为它直接关系着鹌鹑胴体的质量。

① 确定屠宰计划：要调查了解鹌鹑淘汰出栏数量，考虑自身的屠宰加工能力及运输能力，确定屠宰数量和屠宰的进度。

② 设备和用具准备：屠宰加工前要维修和完善屠宰加工设备和用具。

③ 各类产品包装用品及存放场地的准备：屠宰加工的过程是分别采集各类产品的过程，因此对每类产品的包装用品应有足够的准备，并要确定存放场地。每类产品需用什么包装、需用多少、场地大小，要根据屠宰规模、数量和产品出售的时间而定。如屠宰规模大、数量多、短时间难以销出，就需较多的包装盒、较大的场地。

④ 鹌鹑准备：屠宰前的管理工作主要包括宰前检验、宰前休息及禁食和宰前淋浴三个方面。

a. 宰前检验：凡是等待加工的活鹌鹑，都应经过一定方式的检验合格后，才可以进行鹌鹑产品的加工。

检验的方法，先大群观察，再逐只检查，通过看、触、听、嗅等方式来观察鹌鹑在形态表现、精神状态、食欲与粪便等许多方面的具体情况。健康的活鹌鹑，眼睛明亮有神，对外界反应敏感，两翅紧贴身体，肛门附近绒毛干净清洁，腿脚健壮有力，体温恒定，性格活泼好动，不蜷伏角落。而病鹌鹑的眼呆板无神，紧闭或半闭，两翅、尾部下垂，肛门周围的绒毛粘有污物，腿脚行动无力，步伐不稳，食欲不振，懒于啄食，离群孤立，蜷伏不动，粪便表现为白色或黄绿色。只有检验合格的才能进一步加工处理。在屠宰前的检验中，如果发现病鹌鹑，应立即将其隔离，并对发现病鹌鹑的群体进行处理。对于已隔离的病鹌鹑，应当及时请兽医诊断鉴别。如为一般性病症，应单独宰杀，高温灭菌后再加工；若是急性、亚急性传染病，应当用深埋的方法处理，避免疾病蔓延。对发现病鹌鹑的禽舍，在加工结束后，立即采取消毒措施，避免交叉感染。

b. 宰前休息及禁食：宰杀前的鹌鹑应保证安静休息 12 小时以上，同时在宰前 6 小时左右停料，宰前 3 小时左右停水，以免肠胃内粪尿过多，宰时流出造成污染。

c. 宰前淋浴：鹌鹑在宰杀前要进行淋浴或水浴。其目的是清洁鹌鹑体，改善操作卫生条件，以保持宰后的鹌鹑体清洁，避免污染。同时还可以使鹌鹑精神舒畅，促进血液循环，放血干净，提高肉品质量，延长肉品的保存时间。一般可以用橡木管接在自来水管上对鹌鹑体进行喷淋，也可以在通道上设置数排淋浴喷头，在鹌鹑经过时完成淋浴。

2. 屠宰

屠宰加工有手工操作，也有流水线作业。对于大量屠宰宜采取手工和部分机械结合的生产线，这样可以减小劳动强度，提高工作效率。

① 去皮屠宰：鹌鹑屠宰时用手指在鹑头部使劲弹一下，使其昏迷，随后用手指撕开它的腹部表皮，把它的皮肤连羽毛一起和身体分开，用剪刀剪去喙（或头部）和胫部。

开膛的方法一般有腹部开膛和胸部开膛。腹部开膛的鹌鹑主要是加工成为全胴制品，通过腹部肛门处开膛取出内脏，以便在烤、烧、腌、卤时能在腹内存放调味的佐料，同时油脂和肉汁也不易向下流失，有利于保持原来的香味。开膛时在腹部靠近肛门处开一小口，再在肛门四周作一环形切口，手指伸进取出内脏。胸部开膛时从胸骨到肛门中线开一个切口后取出内脏。开膛后的胴体，在腹腔内仍可能残余血污，应在清水中清洗，然后沥尽腔内的积水。鹌鹑的肌胃和肝也可食用。

② 带皮屠宰：宰杀、浸烫、脱毛、开膛、检验5道工序。

a. 宰杀：经过断料和停水处理的鹌鹑分批运到屠宰间集中屠宰。鹌鹑的屠宰方法有折背法和放血法两种。折背法即从腰骨稍微往上将背骨用拇指压折，这时鹌鹑展翅挣扎，10秒钟左右死亡，由于没有放血，故肉呈红色；放血法是用小型刀从颈下喉部切断血管、气管和食管，鹑头朝下将血放出，这样屠宰的鹌鹑肉发白，烹制和保存也不容易变色。

b. 浸烫：不论用何种方法屠宰，宰后立即把鹌鹑放在

56 ～ 60℃热水中浸泡 30 秒，一定要将整个羽毛浸透。

c. 脱毛：将浸烫好的鹌鹑放到脱毛机内脱毛，包括将脚上的皮一起脱掉，并将体表残留的细小绒毛拔净，清洗干净整理好。

d. 开膛：用腹部开膛法和胸部开膛法去除内脏即可。

e. 检验：应由专职的卫检人员进行宰后检验，剔除不合格的次品。凡有过瘦、破皮、受伤、红头、破胆、变形、变色现象的胴体，为不合格商品。

3. 冷藏

屠宰后经检查合格的鹌鹑胴体，进行冷藏、整形、装袋和冷冻。

冷藏是指在温度 0 ～ 4℃，相对湿度 85％左右的冷却间内进行 1 ～ 2 小时的预冷（也称冷却）。这能促进鹑体表面水分蒸发，形成一层干燥膜，防止微生物的侵入和繁殖，并有利于提高冻结效率和商品质量。

在冷却期间要进行一次整形，整形时要将两翅及腿贴紧鹑体，使其保持外形丰满美观，然后装盘或装袋。

装袋时，鹌鹑的腹部朝上，背部向下，通常是每 10 只一袋。

经过冷却的鹑体要长期保藏或远途运输，必须加以冷冻，放入温度在零下 25℃以下，相对湿度为 90％左右的速冻间，速冻不超过 48 小时。经测试肉温达到零下 15℃以下，才能防止肉质干枯和变黄的现象发生，保证肉的质量不受影响。

（二）鹌鹑肉风味食品加工

1. 熏鹌鹑

① 加工工艺：整形→煮制→熏制。

② 配料标准：每 10 只鹌鹑需食盐 15 克，酱油 5 克，花椒、大料、桂皮各 1 克，鲜姜、大葱各 3 克，黄酒 6 克。

③ 加工方法：将鹌鹑清洗后沥净水分，用手掌自其背部用力向下压成扁平状，放入100℃锅中煮，加入酱油等各种佐料，边煮边撇去汤面漂浮的沫子等物。其间翻动2～3次，以免粘锅或成熟不均匀。煮1～1.5小时捞出，摆在铁丝网上一起放进干净、干燥的铁锅里。锅里事先放些糖或桃木锯末，盖好锅盖，锅热后引起锅内的糖或锯末生烟，用此烟熏5～10分钟，就可打开锅盖。此时，烟将鹌鹑皮肉熏成红黄色。往熏好的鹌鹑上刷一层香油，成品熏鹌鹑即可完成（见图8-1）。

图8-1 加工完成的熏鹌鹑

2. 五香鹌鹑

① 加工工艺：腌制→造型→油炸→卤煮→冷却→包装→灭菌→检测→装箱。

② 配料标准：鹌鹑50千克，酱油5千克，盐13.5千克（12.5千克用于腌制，1千克用于卤煮），糖1千克，黄酒500克，味精200克，八角30克，花椒25克，茴香16克，桂皮15克，丁香10克，葱100克，生姜60克。其中八角、花椒、

茴香、桂皮、丁香用纱布包扎在一起。

③加工方法。

a. 腌制：将冲洗干净的鹌鹑晾干水分，增加胴体硬度。然后，将细盐敷擦于体表和内腔壁，用盐量为鹌鹑重量的2.5%，腌制时间根据气温高低，冬季长、夏季短，在常温下一般腌制1～2小时。经腌制后，再用清水将鹌鹑洗干净。

b. 造型：压平鹌鹑胸脯，将两腿交叉，使跗关节套叠插入肛门处的开口处。

c. 油炸：将经过造型的鹌鹑投入油锅内，油炸2～3分钟，锅内油温180～210℃。待表面呈棕黄色，便迅速捞出，依次摆放在筐内沥油冷却。

d. 卤煮：将各种配料放入锅中，倒入老汤，并添加与鹌鹑等重的水，然后将油炸过的鹌鹑放入煮制，温度控制在90～95℃，煮1小时左右（见图8-2）。

图8-2　加工完成的五香鹌鹑

e. 冷却：将经过卤煮的鹌鹑从锅中捞出，保持完整，不破不散，再放进冷却间冷却。冷却间温度为4～7℃。

f. 包装：将冷却后的鹌鹑，在包装间准确计量，用蒸煮袋包装，并用真空包装机抽真空和封口。

g. 灭菌：将已包装好的蒸煮袋，放入高压灭菌锅内灭菌。其温度为21℃，反压为12.7～14.5帕，时间为5～10分钟。

h. 检测：从高压灭菌锅中取出蒸煮袋，擦干表面水分，检查有无漏气破袋，并逐批抽样进行理化、微生物检验。

i. 装箱：将经检验合格的产品装入包装彩袋中封口，然后装入箱中，即可上市销售或入库贮存。其库温保持恒定，一般在0℃左右。

3. 脆皮鹌鹑

① 加工工艺：腌渍→涂抹→炸制→成品。

② 配料标准：鹌鹑10只，香菜5克，淀粉50克，精盐1克，辣椒油15克，酱油25克，生姜50克，豆油1000克（实耗60克），大蒜25克，味精1克，辣大酱50克。

③ 加工方法：将鹌鹑洗净，用尖竹针将鹌鹑胸内扎几个小孔（但不要将鹌鹑皮扎破），入瓷盆，加酱油、精盐、胡椒粉、花椒水、葱块、姜块（拍松），腌渍半小时，入味。将大蒜去皮，剁成细末，装碗，加入芝麻油、姜末、酱油和发好的芥末粉、味精调成调味精汁，待用。再将腌渍好的鹌鹑用铁钩吊起，挂竹棍上晾干；淀粉装入瓷碗，加入温水150毫升，搅拌均匀，涂抹在晾干的鹑皮上；每隔3分钟抹一次，共抹3次，使鹌鹑体表呈现出一层微薄的粉霜。

炒锅烧热，放入豆油，烧至五成熟时，用漏勺托着鹌鹑，速用手勺往鹑体腔内，连续浇热油，鹌鹑烧至九成熟时，放入八成热的油锅里，炸至表皮起脆时，捞出即可。食用时，配辣椒油、蒜芥末卤、辣大酱一碟，供蘸食，即可（见图8-3）。

4. 虫草鹌鹑

① 加工工艺：焯水→蒸制→成品。

② 配料标准：虫草 8 克，鹌鹑 8 只（约 1000 克），姜片 20 克，葱段 15 克，精盐 5 克，鸡汤适量，胡椒粉 1 克。

③ 加工方法：将虫草用温水洗净，白条鹌鹑放入沸水锅内焯一下捞出。将虫草分放在 8 只鹌鹑腹内，用线缠紧放在罐内，放入盐、胡椒粉和鸡汤，用棉纸封口，上笼蒸约 40 分钟，取出后揭去棉纸，拆线即成（见图 8-4）。

图 8-3　加工完成的脆皮鹌鹑　　　**图 8-4**　加工完成的虫草鹌鹑

5. 糟香鹌鹑

① 加工工艺：腌渍→蒸制→糟制→成品。

② 配料标准：鹌鹑 800 克，绍酒 200 克，大葱 50 克，精盐 8 克，姜 10 克，味精 2 克，糟卤 1 瓶。

③ 加工方法：将白条鹌鹑斩去头、颈、脚，置于容器内，用精盐擦遍全身，加入绍酒 40 克、葱段（拍松）、姜片搅匀，腌渍 30 分钟，上屉用旺火蒸约 40 分钟即熟。

将蒸好的鹌鹑取出晾凉，每只斩成 4 块，码于容器中，盖上洁净纱布。将香精200克置于另一容器内，加入绍酒160克，滗入蒸鹌鹑的原汤，加入糟卤搅拌均匀后倒入鹌鹑容器内，加盖盖严，浸泡3～5个小时，即可食用（见图8-5）。

图 8-5　加工完成的糟香鹌鹑

二、鹌鹑蛋的加工

（一）鹌鹑蛋加工前准备

通常原料蛋在加工成不同风味食品前，要对待加工的鹌鹑蛋进行选择、清洗分级、预煮和剥壳等工序。注意皮蛋等是直接以生鹌鹑蛋进行加工的，不需要预煮和剥壳这一工序，其他工序不变。

① 鲜蛋选择：加工食品的鹌鹑蛋要求是刚产的或近几天产的，新鲜、外观完好无破损和无变质等。选择方法用感官法和透视法进行检验，将次劣蛋和变质蛋剔除。

② 清洗分级：将经过选择合格的鲜蛋放入 30℃ 左右的水中浸泡 5 ～ 10 分钟，然后捞出，用清水洗去蛋壳上的杂质、粪便等；并按大小分级，以使同一包装内的蛋大小均匀。

③ 预煮和剥壳：将洗好的蛋放入 5% 食盐溶液中煮沸 3 分钟，待鹌鹑蛋熟透后捞出，立即用冷水冷却，然后采用手工或专用剥壳机器进行剥壳，剥壳时尽量不要损坏蛋白。剥壳后再放入 50℃ 左右的水中浸泡 15 ～ 20 分钟，反复漂洗，洗去蛋壳膜后备用。

（二）鹌鹑蛋风味食品加工

1. 鹌鹑蛋罐头

① 加工工艺：原料检验→清洗→预煮→冷却→碎皮→剥皮→除腥味→卤制→烘干→装瓶（袋）封口→高温灭菌（反压）→冷却→保温试验→检验→包装→成品（见图 8-6）。

图 8-6　鹌鹑蛋罐头（带皮）

② 原料：鹌鹑蛋。

③ 调料配方：桂皮、丁香、小茴香、花椒、八角、甘草、沙

姜、月桂叶、罗汉果叶、生姜、酱油、食盐、白糖、味精、黄酒、双倍焦糖色素、氢氧化钠、氯化钙、柠檬酸、环状麦芽糊精。

④加工方法

a. 清洗、消毒：将鲜鹌鹑蛋清洗后，置于5%的氢氧化钠溶液中浸泡消毒10分钟，放入消毒后的容器中，晾干。

b. 预煮、冷却：将鹌鹑蛋置于调好的2%食盐水中，蛋水比为1∶3，水温不超过50℃时下锅，加热至95～100℃，保持3～4分钟，迅速放入流动的清水中冷却至常温。

c. 配汤：将调料配方中的茴香、桂皮等香辛料用纱布包好，放入清水中煮沸40～50分钟，当有浓郁香辛味逸出时加入食盐等辅料。待食盐、白糖溶解后，停止加热，汤汁用纱布过滤，保持汤汁在80℃以上备用。

d. 装罐：在已消毒的玻璃瓶中加入鹌鹑蛋250克，再加上配置好的汤汁（80℃）260克，并扣上罐盖。

e. 排气、封罐：热力排气，中心温度达80℃以上；真空密封，真空度46.6～53.3千帕（350～400毫米汞柱）。封罐后及时检查，挑出封口不符合要求的罐。

f. 灭菌、冷却：将已封罐的罐头放入高压灭菌锅内灭菌，其温度为118℃，反压冷却，反压压力为0.19兆帕（1千克每平方厘米），时间为5～25分钟。冷却至40℃左右，立即擦净罐面，移入保温室，在37℃左右保温。

备注：如生产剥壳鹌鹑蛋罐头，先将预煮冷却后的鹌鹑蛋轻轻敲破一点，然后用手或机器将全部蛋皮连同内皮一起剥除，剥时要注意，不要把蛋白剥破而影响外观。

2. 五香鹌鹑蛋

①加工工艺：经加工前准备好的鹌鹑蛋→晾干→熏制。

②调料配方：每50千克的鹌鹑蛋需食盐1千克，酱油2千克，花椒250克，肉蔻、大料、大葱、辣椒、桂皮各50克，

白糖 2.5 千克，净膛鹌鹑 20 只。

③ 加工方法

a. 鹌鹑汤准备：将净膛鹌鹑放入锅内，加入凉水 2 千克及食盐、酱油等配料，烧开，然后用文火炖 2 小时后，将净膛鹌鹑连同调料一起从煮锅内捞出，汤留在煮锅内备用。

b. 煮制：将经加工前准备好的鹌鹑蛋放入装有鹌鹑汤的煮锅中，文火炖 1 小时，捞出晾干。

c. 熏制：把晾干的鹑蛋放在铁筛上，放入烧热的铁锅内，锅底内事先放些桃木屑，出现浓烟时盖上锅盖，熏制 20 分钟出锅，即为成品（见图 8-7、图 8-8）。

图 8-7　真空包装的五香鹌鹑蛋

图 8-8　五香鹌鹑蛋

3. 盐焗鹌鹑蛋

盐焗鹌鹑蛋是陕西一带的风味名吃，属于陕西菜。五香味足，制作所需时间少，材料易取，适合初级学者。

① 加工工艺：鹌鹑蛋选择→清洗分级→沥干→盐窟准备→

盐焗。

② 调料配方：粗盐、花椒、八角（桂皮也可以）。500 克鹌鹑蛋放 1000 克的粗盐，粗盐可以重复使用。

③ 加工方法

a. 鹌鹑蛋选择、清洗分级和沥干：见"鹌鹑蛋加工前准备"中的"鲜蛋选择和清洗分级"。

b. 盐窟准备：铁锅放入花椒和八角炒香。再加入粗盐炒，会听到噼噼啪啪的响声，这是粗盐的水分在蒸发。炒几分钟后，感觉盐干爽了，用手在上边感受到热气腾腾了，就把盐拨向边上。

c. 盐焗：把鹌鹑蛋放进去，然后用盐把鹌鹑蛋埋上，盐和鹌鹑蛋即可搭建成窟，随后小火操作直到盐窟完全成形。通常小火 15 分钟鹌鹑蛋即可焗好。注意一定要用小火焗，大火焗会爆蛋和糊。

d. 在盐窟的一边开口，从洞口掏出焗好的鹌鹑蛋。以后再需要焗时，从此口添加鹌鹑蛋，然后用盐封好口，给铁锅加热即可（见图 8-9、图 8-10）。

图 8-9　盐焗窟加工盐焗鹌鹑蛋　　　图 8-10　真空包装盐焗鹌鹑蛋

4. 无铅鹌鹑皮蛋

① 加工工艺：选蛋→料液调制→装缸→灌料→浸制期管理→出缸、涂膜包装。

② 调料配方（加工约 50 千克无铅鹌鹑松花皮蛋所需的配料标准）：开水 62.5 千克，氢氧化钠 2.5 千克，食盐 1.5 千克，氯化锌 80 克，五香粉 500 克，红茶末 600 克。

③ 加工方法

a. 选蛋：见"鹌鹑蛋加工前准备"中的"鲜蛋选择和清洗分级"。

b. 料液调制：将红茶末、五香粉、食盐称量好，放进配料缸中，加入开水，并不断搅拌。待料溶解后加入氢氧化钠，并搅拌，冷却后加入氯化锌，搅匀，静置 24 小时备用。

c. 装缸：装进无裂缝和砂眼洁净的陶缸中，装缸时，鹌鹑蛋要放平放稳，当装到离缸口 20 厘米时，盖上竹片，压上适当的石块，再灌料。将准备好的料液浇入缸中，灌到超过蛋面 5 厘米时封口保存，注意保持蛋在缸中静止不动。

d. 浸制期管理：浸制期间必须注意温度的变化，这对成品质量有很大的影响，最适宜的温度为 20℃。仔细检查缸体是否渗漏，浸制初期不得移动缸体，否则会影响凝固。浸制期间从第 7 天开始，每隔 7 天抽样检查皮蛋的变化和品质情况。第 7 天时化清结束，蛋白开始凝固；第 14 天蛋白凝固有弹性并上色；第 21 天蛋白凝固、有弹性、光洁，呈墨绿色，基本成熟。

e. 出缸、涂膜包装：皮蛋成熟后，小心捞出，将皮蛋用料液的上清液洗净，放入塑料筐内，置于通风阴凉处晾干。常规品质检验后，用液体石蜡或固体石蜡等作涂膜剂，喷涂在皮蛋上，待晾干后，再封装在塑料盒（见图 8-11、图 8-12）或塑料袋内上市销售。

图 8-11 无铅鹌鹑皮蛋

图 8-12 盒装无铅鹌鹑皮蛋

第九章

农场的经营管理

一、采用种养结合的养殖模式是家庭农场养鹌鹑的首选

　　种养结合是一种种植业和养殖业结合的生态农业模式。种植业是指植物栽培业，通过栽培各种农业产物以取得粮食、副食品、饲料和工业原料等植物性产品。养殖业是利用畜禽等已经被人类驯化的动物，或者野生动物，通过人工饲养、繁殖，使其将牧草和饲料等植物能转变为动物能，以取得肉、蛋、奶、皮、毛和药材等畜产品。种养结合模式是将畜禽养殖产生的粪便、有机物作为有机肥的基础，为种植业提供有机肥来源；同时，种植业生产的作物又能够给畜禽养殖提供食源（见图9-1）。该模式能够充分将物质和能量在动植物之间进行转换及良好循环。

　　国内外的研究和实践证明，土壤结构破坏、地力下降与水资源、肥源、能源的短缺和失调密切相关，已成为"高产、高效、优质"农业发展的制约因素。种养结合模式建立以规模化集约化养殖场为单元的生态农业产业体系（即"种植、养殖、加工、沼气、肥料"循环模式），以粮食作物生产为基础，养殖业为龙头，沼气能源开发为纽带，有机肥料生产为驱动，形成饲料、肥料能源、生态环境的良性循环，带动加工业及相关产业发展，合理安排经济作物生产，从而发展高效农业（主要为设施农业），提高整个体系的综合效益（即经济、社会和生态环保效益的高度统一）。其实现了农业规模化生产和粪尿资源化利用，改善了农牧业生产环境，提高了畜禽成活率和养殖水平，降低了农田化肥使用量和农业生产成本，提高了农牧产品产量和质量，确保农牧业收入稳定增加。并且，种植业和养殖业的直接良性循环，改变了传统农业生产方式，拓展了生态循环农业发展空间。

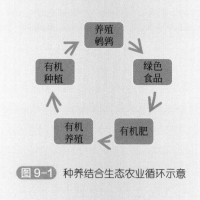

图9-1 种养结合生态农业循环示意

　　种养结合的养殖模式特别适合农牧结合型家庭生态农场这一新型农业经营主体。种养结合能取得良好的经济和社会效益，有广阔的发展前景，对家庭农场的良性发展是非常有益的，值得家庭农场勇于实践和探索。

二、因地制宜，发挥资源优势养好鹌鹑

因地制宜是指根据各地的具体情况，制定适宜的办法。家庭农场养好鹌鹑离不开适宜的养鹌鹑环境和条件，如鹌鹑场要处于适养区内，最好不在限养区内，绝不能建在禁养区内。有适合其发展规模的场地，场地既能满足当前养殖的需要，也为以后扩大规模留有空间。有设计合理、建造科学、保温隔热的鹌鹑舍，有廉价而丰富的饲料资源，有稳定可靠的销售渠道，有饲养管理和防病治病技术的保障等。这些适宜环境和条件有的是家庭农场能把握的，如鹌鹑场的选址和建设、饲养管理等方面。

因此，家庭农场养鹌鹑要实现长久发展的目标，离不开良好的、稳定的发展环境，必须坚持因地制宜的原则。"近水楼台先得月，向阳花木易为春""靠山吃山、靠水吃水"，要充分利用家庭农场当地的自然资源和发挥条件优势，把家庭农场做大做强。

三、养鹌鹑家庭农场的风险控制要点

鹌鹑场经营风险是指鹌鹑场在经营管理过程中可能发生的风险。而风险控制是指风险管理者采取各种措施和方法，消灭或减少风险事件发生的各种可能性，或风险控制者减少风险事件发生时造成的损失。但总会有些事情是不能控制的，风险总是存在的。作为管理者必须采取各种措施减小风险事件发生的可能性，或者把可能的损失控制在一定的范围内，以避免在风险事件发生时带来难以承担的损失。

（一）养鹌鹑家庭农场的经营风险

养鹌鹑家庭农场的经营风险通常主要包括以下七种。

1. 鹌鹑群疾病风险

疾病是养鹌鹑最大的潜在风险，也是对鹌鹑养殖效益影响最大的变量。养鹌鹑过程中常见疾病有很多种，常见的有传染病（新城疫、马立克病、支气管炎、溃疡性肠炎、鹑白痢、鹑巴氏杆菌病、曲霉菌病、白喉、鹑疫）；寄生虫病（球虫病、隐孢子虫病、羽虱、石灰脚病）；营养代谢性疾病（维生素A缺乏病，维生素 B_1、维生素 B_2、维生素 B_3 以及维生素D、维生素E缺乏症）；普通病常见有胃肠炎、脱肛等。

因疾病因素对家庭农场产生的影响有两类：一是鹌鹑在养殖过程中发生疾病造成的影响，主要是大规模的疫情导致大量鹌鹑的死亡，带来直接的经济损失。疫情会给以生产鹌鹑蛋为主的家庭农场带来持续性的影响，如疾病治疗及治愈后恢复的过程将使家庭农场的生产效率降低，生产成本增加，进而降低效益。内部疫情发生将使场的货源减少，造成收入减少，效益下降。二是暴发大规模禽类疫病或出现安全事件造成的影响，如暴发禽流感。即使本场没有发生，只要处在划定的范围内，也要全部进行无害化处理。

2. 市场风险

养鹌鹑是产业链的最低端，风险多集中在生产环节。导致家庭农场养鹌鹑经营管理的市场风险很多，如鹌鹑蛋价或鹌鹑价格大起大落、饲料价格上涨、鹌鹑或鹌鹑蛋滞销、人工费用增加等。还有养鹌鹑行业出现食品安全事件或某个区域暴发疫病，将会导致全体消费者的心理恐慌，降低相关产品的总需求量，直接影响家庭农场的产品销售。饲料原料供应紧张导致价格持续上涨，如玉米、豆粕等主要原料价格上涨过快，导致生产成本上升。经济通胀或通缩导致销售数量减少，消费者购买力下降等。这些市场风险因素短时间大部分家庭农场可以接受，而风险长时间得不到有效控制则对很多经营管理差的家庭农场来说就是灾难。

3. 产品质量风险

家庭农场养鹌鹑的主营业务收入和利润主要来源于鹌鹑产品，如果种蛋质量差导致孵化率低，鹌鹑和鹌鹑蛋出现违禁添加剂或药物残留超标等不能适应市场消费需求的变化，就存在产品风险。

4. 经营管理风险

经营管理风险即由于家庭农场内部管理混乱、内控制度不健全、财务状况恶化、资产沉淀等造成重大损失的可能性。家庭农场内部管理混乱、内控制度不健全会导致防疫措施不能落实。暴发疫病造成鹌鹑死亡的风险；饲养管理不到位，造成饲料浪费、鹌鹑生长缓慢、产蛋率低、死亡率增加的风险；原材料、兽药及低值易耗品采购价格不合理，库存超额，使用浪费，造成家庭农场生产成本增加的风险；家庭农场的应收款较多，资产结构不合理，资产负债率过高，会导致家庭农场资金周转困难，财务状况恶化的风险。

5. 投资及决策风险

投资风险即因投资不当或决策失误等造成养鹌鹑家庭农场经济效益下降。决策风险即由于决策不民主、不科学等造成决策失误，导致家庭农场重大损失的可能性。如果在行情高潮期盲目投资办新场，扩大生产规模，会产生因市场饱和鹌鹑或鹌鹑蛋价格大幅下跌的风险；投资选址不当，鹌鹑养殖受自然条件及周边卫生环境的影响较大，也存在一定的风险。对鹌鹑或蛋鹌鹑品种是否更新换代、扩大或缩小生产规模等决策不当，会对家庭农场的效益产生直接影响。

6. 安全风险

安全风险既有自然灾害风险，也有因家庭农场安全意识淡漠、缺乏安全保障措施等而造成家庭农场重大人员或财产损失的可能性。自然灾害风险即因自然环境恶化如地震、洪水、火灾、风灾等造成家庭农场损失的可能性。家庭农场安全意识淡漠、缺乏安全保障措施等原因而造成的风险较为普遍，如用电或用火不慎引起的火灾，不遵守安全生产规定造成人员伤亡，购买了有质量问题疫苗、兽药等，引起鹌鹑生长缓慢、蛋鹌鹑产蛋率低、鹌鹑死亡等。

7. 政策风险

政策风险即因政府法律、法规、政策、管理体制、规划的变动，税收、利率的变化或行业专项整治，造成损害的可能性。其中最主要的是环保政策给家庭农场带来的风险。

（二）控制风险对策

在家庭农场经营过程中，经营管理者要牢固树立风险意识，既要有敢于担当的勇气，在风险中抢抓机会，在风险中创造利润，化风险为利润；又要有防范风险的意识，管理风险的智慧，驾驭风险的能力，把风险降到最小程度。

1. 加强疫病防治工作，保障养鹌鹑生产安全

首先要树立"防疫至上"的理念，将防疫工作始终作为家庭农场生产管理的生命线；其次要健全管理制度，防患于未然，制订内部疾病的净化流程，同时，建立饲料采购供应制度和疾病检测制度及危机处理制度，尽最大可能减少疫病发生概率并杜绝病死鹌鹑流入市场；再次要加大

硬件投入，高标准做好卫生防疫工作；最后要加强技术研究，为防范疫病风险提供保障，在加强有效管理的同时加强与国内外牲畜疫病研究机构的合作，为家庭农场疫病控制防范提供强有力的技术支撑，大幅度降低疾病发生所带来的风险。

2. 及时关注和了解市场动态

及时掌握市场动态，适时调整养鹌鹑品种、鹌鹑群结构和生产规模。同时做好成品饲料及饲料原料的储备供应。

3. 调整产品结构，树立品牌意识，提高产品附加值

养鹌鹑是产业链的最低端，风险集中在生产环节。通过延长产业链，从生产拓展到加工和流通领域，以此来熨平风险。以战略的眼光对产品结构进行调整，大力开发安全优质鹌鹑和蛋鹌鹑、安全饲料等与养鹌鹑有关的系列产品，并拓展鹌鹑产品深加工，实现产品的多元化。保持并充分发挥鹌鹑产品在质量、安全等方面的优势，加强生产技术管理，树立鹌鹑产品的品牌，巩固并提高鹌鹑产品的市场占有率和盈利能力。

4. 健全内控制度，提高管理水平

根据国家相关法律、法规的规定，制订完备的企业内部管理标准、财务内部管理制度、会计核算制度和审计制度，通过各项制度的制定、职责的明确及其良好的执行，家庭农场的内部控制得到进一步的完善。重点要抓好防疫管理、饲养管理，搞好生产统计工作。加强对饲料原料、兽药等采购、饲料加工及出库环节的控制，节约生产成本。加强财务管理工作，降低非生产性费用，做到增收节支；加强鹌鹑和鹌鹑蛋的销售管理，减少应收款的发生；调整资产结构，降低资产负债率，保

障资金良性循环。

5. 加强民主、科学决策，谨防投资失误

经营者要有风险管理的概念和意识，家庭农场的重大投资或决策要有专家论证，要采用民主、科学决策手段，条件成熟了才能实施，防止决策失误。现在和将来投资养鹌鹑家庭农场，应将环保作为第一限制因素考虑。从当前的发展趋势看，如何处理鹌鹑粪使其达标排放的思维方式已落伍，必须考虑走循环农业的路子，充分考虑土地的承载能力，达到生态和谐。

四、千方百计减少浪费，降低养鹌鹑的生产成本

家庭农场养鹌鹑的日常支出繁杂，涉及鹌鹑苗购买、饲料采购和加工费用、兽药费、水电费、人工费、鹌鹑舍维护费、通风降温设备购置维护费用、饲养工具购置费用等方方面面。这些方面也是构成养鹌鹑成本的项目，都是家庭农场养鹌鹑必需的支出，是不能节省的开支。但是，支出的多与少，却大不一样，也能反映出家庭农场在管理上的好与差。管理好的家庭农场，支出就少一点，管理差的相对支出就多一些。因此，要降低养鹌鹑的成本，就要在家庭农场的管理上下功夫，通过实施精细化管理，精打细算，千方百计地减少浪费，不花冤枉钱，把钱花在刀刃上，不该花的钱一分钱也不花。如果能按照这样去做，养鹌鹑的成本必然最低。

（一）减少饲料使用上的浪费

要合理配制饲料，按照鹌鹑的不同生长阶段营养需要的特点，配制不同营养成分的饲料，提高蛋白质饲料的利

用率。

在喂饲料的过程中，因为鹌鹑在吃饲料的时候是到处啄的，会出现大量的饲料浪费，这就需要采用设计合理的料槽。如在长条形料槽的上方加一个铁丝网，铁丝网眼的孔不可过大，从而限制了鹌鹑采食饲料时的乱啄。料槽的安装也要合理，填料一次不可过多，既可防止抛撒浪费，又可以防止变质。

（二）减少饲料保管上的浪费

家庭农场购入的饲料，都需要贮存一定的时间，贮存过程中可能会因发霉变质或长期存放失效等造成浪费。比较常见的如离墙面太近，直接放到没有经过防潮处理地面上，仓库漏雨、渗水等都会引起饲料发霉变质。夏天饲料贮存过程中可能会出现虫蛀现象，如玉米就很容易生虫，虫蛀的饲料营养价值会降低，饲料也容易霉变。此外，鼠害也是引起饲料损失的一个重要原因，据有关资料显示，若晚上在养殖场能经常看到老鼠，表明可能存在 1000 只老鼠。1 只老鼠 1 年可消耗饲料 11.4千克，1000 只老鼠 1 年则会引起 11.4 吨的饲料浪费，这个损失是令人震惊的。

炎热、潮湿的天气里，维生素如果长时间与矿物质元素接触就会失效，会导致鹌鹑群缺乏维生素，生长性能低下。如果预混料中既含维生素又含矿物质元素，那么购买后应在 30 天之内用掉。维生素与微量元素预混料应贮存在凉爽、干燥、阴暗的地方。做好饲料保管，保证饲料的营养成分不流失，避免出现变质。同时，又要做好防老鼠、野鸟工作，防止老鼠和野鸟吃料及饲料被污染。

（三）减少水浪费

水的浪费主要有水管的接头不严、供水管线破损、饮水器损坏等造成的长流水、漏水、滴水，长期下去，电费增加。漏水还能造成鹌鹑舍内潮湿，潮湿会使病原微生物滋生，冬季舍内潮湿导致温度下降，鹌鹑饲料消耗增加，生长缓慢；潮湿还使鹌鹑的生存环境更为恶劣，增加医药费支出，严重时甚至会引发疾病，甚至导致死亡等一系列由水浪费引起的连锁反应。因此，所有养殖场都要格外注意饮水线接头和饮水器的漏水现象。解决漏水问题，饮水线安装要牢固，选用设计合理的饮水器。日常管理上维护好饮水线接头和饮水器，保证饮水线接头不漏水和饮水器完好。

（四）减少用药浪费

养鹌鹑要科学用药，避免用药上的浪费。使用药品时，不能长期大剂量用药物来控制鹌鹑的疾病，尽管这种做法会起到一定作用，但会增加用药成本，降低饲养效益，更主要的是长期大剂量用药后，鹌鹑群一旦停药就可能引起疾病暴发，更为可怕的是一旦鹌鹑群发病，很有可能出现无药可治的现象。正确的做法是定期做好药物保健。而且预防用药要用预防的剂量，不能用治疗的剂量。还有注意药物之间的作用和配伍禁忌。

用药时要根据鹌鹑群的状况科学用药，如对拒绝采食的鹌鹑要用饮水加药的方法，不溶于水的药物要用拌料的方法，要保证药物与饲料搅拌均匀。

做好防疫工作也是减少浪费的重要环节。在一定的范围内，只要消除了某种病原的易感动物，就能防止这种病原引起的动物疫病。消除易感动物的方法，除了加强饲养管理，增强动物本身的体质外，按照免疫程序给鹌鹑普遍接种相应的疫苗，是最重要、最有效的办法。免疫预防是动物防疫工作的重中之重。免疫过程中，还要注意疫苗的质量、免疫操作的规范性。

在药品购买时，要购买大厂家的兽药和疫苗。如果购买了劣质药品，不但会浪费药物，更为主要的是延误治疗时间，甚至丧失治疗时机。

（五）减少应激造成的浪费

在饲养管理过程中，鹌鹑因各种不良刺激而造成应激，由此会造成浪费，这是很多家庭农场管理者容易忽视的问题。对鹌鹑来说，日常应激因素较多，如声音应激：来自人的叫喊、动物的吠鸣、机动车的喇叭、高分贝的音响、飞机的轰鸣、风的呼啸、雷、鞭炮、爆破声等。色应激：鲜艳的衣服、头饰、工具、用具、玩具（鲜艳的气球等），尤其要注意红、黄两色。光应激：闪、机动车灯、手电筒、照相机的闪光灯、光线太强、自然光照不足、玩具（电子闪光枪）等。人应激：生人入舍帮忙、生人入舍参观、生人误入养殖棚舍、日常饲养人员服饰的改变、多数人隔窗围观、小孩子入舍玩耍等。动物应激：飞鸟、老鼠、狗、野生动物等误入鹌鹑舍内、蚊蝇的骚扰等。气味应激：家禽的嗅觉非常敏感，来自消毒药、农药、化工厂、淀粉厂、有机肥料厂、垃圾处理厂的不良气味和来自厨房的浓重的油烟味等。有害气体应激：最常见的是氨气、一氧化碳、二氧化硫、硫化氢等。粉尘应激：饲料粉尘、烟尘、土尘、灰尘、垫料粉尘、沙尘等。环境应激：温度的变化（中暑、冷、冻、脱温过快、饮水结冰等）、湿度的变化（过分干燥导致粉尘增多或脱水、过分潮湿导致舍内阴冷或闷热、相对湿度与家禽的生长需要不相符如育雏早期多数相对湿度偏低）、大密度饲养（拥挤、分群不及时等）、垫料差（太细、发霉、太薄、潮湿、硬度大、吸水性差等）、通风不良（有害气体超标、氧气缺乏）、卫生差（水食槽太脏、垫料没有及时更换或添加、蜘蛛网和灰尘污染等）。气象应激：大风、冰雹、雨、雪、雾、突然降温、炎热与高温、电闪雷鸣、梅雨（阴雨连绵）、地震、海啸、山体滑坡、泥石流等。意外应激：断水、断料、断电、火灾。

在应激反复骚扰的条件下养殖，势必会导致养殖效果不理想、料肉比高、药费高、效益低下。同时要注意鹌鹑发病对生长发育来讲本身就是一种严重的应激。

因此，要高度重视应激对鹌鹑的危害，并采取有效措施避免应激的发生。日常饲养管理上，采用先进的供水、供料、通风换气、增温和降温等硬件设施。针对日常多见的应激因素长期做好防范，如气温突降时的供暖设施、遮风挡雨的工具、备用发电机、备用药物等。坚持日常工作程序化，让鹌鹑在长期的养殖中形成条件反射，习惯面对饲养管理的每一个环节和细节，养殖户在管理上程序化的最有效的做法是把每天工作的内容以时间表的形式规范并固定下来。

（六）不饲养无效鹌鹑

无效鹌鹑是指不能正常生长发育和产蛋的鹌鹑。这样的鹌鹑不仅不能为家庭农场带来经济效益，相反，继续饲养还会导致饲料、兽药、管理上的浪费。因此，日常饲养管理过程中，要注意辨别弱、病和低产鹌鹑，发现后应及时挑出淘汰。

五、做好家庭农场的成本核算

家庭农场的成本核算是指将一定时期内家庭农场生产经营过程中所发生的费用，按其性质和发生地点，分类归集、汇总、核算，计算出该时期内生产经营费用发生总额以及每种产品的实际成本和单位成本的管理活动。其基本任务是正确、及时地核算产品实际总成本和单位成本，提供正确的成本数据，为企业经营决策提供科学依据，并借以考核成本计划执行情况，综合反映企业的生产经营管理水平。

可见，做好家庭农场的成本核算，具有非常重要的意义，是家庭农场规模化养鹌鹑必须做好的一项重要工作。

（一）规模化家庭农场成本核算对象

会计学对成本的解释是：取得资产或劳务的支出。成本核算通常是指存货成本的核算。规模化养鹌鹑虽然都是由日龄不同的鹌鹑群组成，但是由于这些鹌鹑群在连续生产中的作用不同，应确定哪些是存货，哪些不是存货。

家庭农场养鹌鹑的成本核算对象具体为家庭农场的每批肉用鹌鹑、每批蛋鹌鹑。

鹌鹑在生长发育过程中，不同生长阶段可以划分为不同类型的资产，并且不同类型资产之间在一定条件下可以相互转化。根据《企业会计准则第 5 号——生物资产》可将资产分为生产性生物资产、公益性生物资产和消耗性生物资产三类。结合养鹌鹑的特点，可将鹌鹑群分为生产性生物资产和消耗性生物资产两类。生产性生物资产是指为产出农产品、提供劳务或出租等目的而持有的生物资产。家庭农场饲养蛋鹌鹑的目的是产鹌鹑蛋，蛋鹌鹑能够重复利用，属于生产性生物资产。处于生长阶段的鹌鹑，包括雏鹌鹑和育成鹌鹑，属于未成熟生产性生物资产；而当育成鹌鹑成熟为产蛋鹌鹑时，就转化为成熟生产性生物资产；当产蛋鹌鹑被淘汰后，就由成熟生产性生物资产转为消耗性生物资产。

家庭农场外购的成龄蛋鹌鹑，按应计入生产性生物资产成本的金额，包括购买价款、相关税费、运输费、保险费以及可直接归属于购买该资产的其他支出。

产蛋前期的育成鹌鹑，达到预定生产经营目的后发生的管护、饲养费用等后续支出，全部由鹌鹑蛋承担，按实际消耗数额结转。

（二）规模化家庭农场成本核算内容

1. 鹌鹑蛋生产成本的管理与核算

鹌鹑的寿命一般为 2 年左右，一般母鹌鹑 42 ～ 45 日龄左右就开始下蛋，通常 1 个月以后即可达到产蛋高峰，开产后的 8 ～ 10 个月产蛋量开始下降。一般来说，种鹑场一般只利用种鹑 6 ～ 10 个月，因为母鹑在产蛋后期不仅产蛋率下降，而且种蛋品质特别是受精率也下降。蛋用种母鹑利用 8 ～ 10 个月，饲养 1 年以上的鹌鹑产量少应及早淘汰，可选择育肥后销售。肉用种母鹑利用 6 ～ 8 个月，种公鹑 4 ～ 6 个月。利用期的实际长短应根据品种、品系、利用目的、生物学年度的产蛋量、市场需求、种蛋品质、种蛋受精率、种蛋孵化率、饲养成本等而定。

鹌鹑蛋生产首先要掌握产蛋率（产蛋率 = 产蛋总只数 ÷ 实际饲养母鹌鹑只数累加数 ×100%），其次是饲料回报率（饲料回报率 = 饲料耗用量 ÷ 其间总产蛋量 ×100%），也称料蛋比、饲料报酬。

饲料回报率有四种算法：①饲料耗用量和产蛋总量都以千克计算；②饲料耗用量以千克计算，产蛋量以只计算，这两种为养殖技术人员常用；③饲料耗用量以金额计算，产蛋量以千克计算，分析商品蛋成本用此法；④饲料耗用量以金额计算，产蛋量以只计算，分析种蛋成本用此法。

种鹌鹑蛋生产还需掌握受精率（受精率 = 受精蛋只数 ÷ 入孵蛋只数 ×100%）。在采收、保管、传递等过程中，会发现破损蛋，破损蛋价格低于好蛋。因此，减少破损很重要。

鹌鹑蛋的生产成本项目：

① 种鹌鹑耗损。不管是购进母鹌鹑还是自繁母鹌鹑，其成本价都比淘汰鹌鹑价高，差价即是种鹌鹑耗损。种鹌鹑耗损是鹌鹑蛋生产成本的一个重要项目。

② 饲料。生产成本中比重最大，约占饲料成本的 70%，产

蛋母鹌鹑对饲料的要求比较严格，要按照产蛋期营养需要科学配制饲料。

③ 工资。饲养人员的工资及附加费，按应计数计入成本。工资在鹌鹑蛋生产成本中比重最小。

④ 费用。包括医药费、消耗材料费、工具费、电费、鹌鹑舍折旧费等，按实耗数或应计数计入成本。如果是自繁鹌鹑苗用于种蛋生产，则种鹌鹑耗资应包括公鹌鹑。鹌鹑的公母比例与品种、日龄等有关。公母比例不当，如公多母少，或母多公少，都会影响受精率。适宜的公母比例：朝鲜龙城系和日本鹌鹑为（1∶2.5）～（1∶3.5）；法国肉用鹌鹑为（1∶2）～（1∶3）；中国白羽鹌鹑为（1∶3）～（1∶4）。如种公鹑年轻、体质强、精液品质好，则与配母鹑数可酌情增加。

2. 鹌鹑苗生产成本的管理与核算

① 照蛋。鹌鹑苗生产是将种蛋孵化成鹌鹑苗。进入孵化机的种蛋，为入孵蛋（称为落蛋）。在整个孵化过程中，一般照蛋两次。入孵 5 ～ 6 天第一次照蛋，剔除无精蛋；孵化 12 ～ 13 天第二次照蛋，主要剔除死胚蛋。照出的无精蛋和死胚蛋均需折价出售。

② 出壳率。鹌鹑苗生产最重要的是掌握出壳率，出壳率 = 出苗只数（健壮苗和弱苗）÷ 受精蛋数 ×100%。其次是每苗的加工成本（孵抱费）和减少弱苗。弱苗一般不超过出苗总数的 3%。

③ 成活率。鹌鹑苗进场到 20 日龄为育雏期，蛋用鹌鹑 21 ～ 44 日龄为育成期，45 日龄至淘汰为成年期。肉用鹌鹑 21 或 25 日龄至出栏销售为育肥期。育雏期和育成期应重点计算育雏成活率和育成成活率，育雏期和育成期期间发现不健康的鹌鹑应及时淘汰处理。

育雏成活率＝育雏期满成活鹌鹑数 ÷ 该批鹌鹑苗进场数 ×100%，一般标准为 94%。

育成成活率＝育成（售出）鹌鹑数 ÷ 该批鹌鹑苗育雏成活鹌鹑数 ×100％，一般标准为 97％。

该批鹌鹑的全部成本除以合格鹌鹑只数，就得每只鹌鹑的单位成本。

（三）家庭农场账务处理

家庭农场在做好成本核算的同时，也要将农场的整个收支过程做好归集和登记，以全面反映家庭农场经营过程中发生的实际收支和最终得到的收益，使农场主了解和掌握本农场当年的经营状况，达到改善管理、提高效益的目的。

家庭农场记账可以参考山西省农业厅《山西省家庭农场记账台账（试行）》（晋农办经发〔2015〕228 号）。

山西省家庭农场记账台账（试行）的具体规定如下。

1. 记账对象

记账单位为各级示范家庭农场及有记账意愿的家庭农场。记账内容为家庭农场生产、管理、销售、服务全过程。

2. 记账目的

家庭农场以一个会计年度为记账期间，对生产、销售、加工、服务等环节的收支情况进行登记，计算生产和服务过程中发生的实际收支和最终得到的收益，使农场主了解和掌握本农场当年的经营状况，达到改善管理、提高效益的目的。

3. 记账流程

家庭农场记账包括登记、归集和效益分析三个环节。

（1）登记　家庭农场应当将主营产业及其他经营项目所发生的收支情况，全部登记在《山西省家庭农场记账台账》上。要做到登记及时、内容完整、数字准确、摘要清晰。

（2）归集　在一个会计年度结束后将台账数据整理归集，得到收入、支出、收益等各项数据。归集时家庭农场可以根据自身需要增加、减少或合并项目指标。

（3）效益分析　家庭农场应当根据台账编制收益表，掌握收支情况、资金用途、项目收益等，分析家庭农场经营效益，从而加强成本控制，挖掘增收潜力；明晰经营方向，实现科学决策；规范经营管理，提高经济效益。

（4）计价原则

① 收入以本年度实际实现的收入或确认的债权为准。

② 购入的各种物资和服务按实际购买价格加运杂费等计算。

③ 固定资产是指单位价值在 500 元以上，使用年限在 1 年以上的生产或生产管理使用的房屋、建筑物、机器、机械、运输工具、役畜、经济林木、堤坝、水渠、机井、晒场、大棚骨架和墙体以及其他与生产有关的设备、器具、工具等。

购入的固定资产按购买价加运杂费及税金等费用合计扣除补贴资金后的金额计价；自行营建的固定资产按实际发生的全部费用扣除补贴资金后的金额计价。

固定资产采用综合折旧率为 10%。享受国家补贴购置的固定资产按扣除补贴金额后的价值计提折旧。

④ 未达到固定资产标准的劳动资料按产品物资核算。

4.台账运用

① 作为评选示范家庭农场的必要条件。

② 作为家庭农场承担涉农建设项目、享受财政补贴等相关政策的必要条件。

③ 作为认定和审核家庭农场的必要条件。

附件：山西省家庭农场台账样本。

山西省家庭农场台账样本见表 9-1~ 表 9-4。

表 9-1　山西省家庭农场台账——固定资产明细账

单位：元

记账日期	业务内容摘要	固定资产原值增加	固定资产原值减少	固定资产原值余额	折旧费	净值	补贴资金
上年结转							
合计							
结转下年							

说明：1. 上年结转——登记上年结转的固定资产原值余额、折旧费、净值、补贴资金合计数。

2. 业务内容摘要——登记购置或减少的固定资产名称、型号等。

3. 固定资产原值增加——登记现有和新购置的固定资产原值。

4. 固定资产原值减少——登记报废、减少的固定资产原值。

5. 固定资产原值余额——固定资产原值增加合计数减去固定资产原值减少合计数。

6. 折旧费——登记按年（月）计提的固定资产折旧额。

7. 净值——固定资产原值扣减折旧费合计后的金额。

8. 补贴资金——登记购置固定资产享受的国家补贴资金。

9. 合计——上年转来的金额与各指标本年度发生额合计之和。

10. 结转下年——登记结转下年的固定资产原值余额、折旧费、净值、补贴资金合计数。

表 9-2　山西省家庭农场台账——各项收入

单位：元

记账日期	业务内容摘要	经营收入		服务收入	补贴收入	其他收入
		出售数量	金额			

记账日期	业务内容摘要	经营收入		服务收入	补贴收入	其他收入
		出售数量	金额			
合计						

说明：1. 业务内容摘要——登记收入事项的具体内容。

2. 经营收入——家庭农场出售种养殖主副产品收入。

3. 服务收入——家庭农场对外提供农机服务、技术服务等各种服务取得的收入。

4. 补贴收入——家庭农场从各级财政、保险机构、集体、社会各界等取得的各种扶持资金、贴息、补贴补助等收入。

5. 其他收入——家庭农场在经营服务活动中取得的不属于上述收入的其他收入。

表 9-3 山西省家庭农场台账——各项支出

单位：元

记账日期	业务内容摘要	经营支出	固定资产折旧	土地流转（承包）费	雇工费用	其他支出

养鹌鹑家庭农场致富指南

记账日期	业务内容摘要	经营支出	固定资产折旧	土地流转（承包）费	雇工费用	其他支出
合计						

说明：1. 业务内容摘要——登记支出事项的具体内容或用途。

2. 经营支出——家庭农场为从事农牧业生产而支付的各项物质费用和服务费用。

3. 固定资产折旧——家庭农场按固定资产原值计提的折旧费。

4. 土地流转（承包）费——家庭农场流转其他农户耕地或承包集体经济组织的机动地（包括沟渠、机井等土地附着物）、"四荒"地等的使用权而实际支付的土地流转费、承包费等土地租赁费用。一次性支付多年费用的，应当按照流转（承包、租赁）合同约定的年限平均计算年流转（承包、租赁）费计入当年成本费用。

5. 雇工费用——因雇佣他人（包括临时雇佣工和合同工）劳动（不包括发生租赁作业时由被租赁方提供的劳动）而实际支付的所有费用，包括支付给雇工的工资和合理的饮食费、招待费等。

6. 其他支出——家庭农场在经营、服务活动中发生的不属于上述费用的其他支出。

表9-4 （　　）年家庭农场经营收益

代码	项目	单位	指标关系	数值
1	各项收入	元	1=2+3+4+5[①]	
2	经营收入	元		
3	服务收入	元		
4	补贴收入	元		
5	其他收入	元		
6	各项支出	元	6=7+8+9+10+11[①]	
7	经营支出	元		
8	固定资产折旧	元		
9	土地流转（承包）费	元		
10	雇工费用	元		
11	其他费用	元		
12	收益	元	12=1-6[①]	

① 数字均为代码。

六、做好鹌鹑产品的销售

目前我国家庭农场的畜禽产品普遍存在出售的农产品多为初级农产品，产品大多为同质产品、普通产品，原料型产品多，而特色产品少、优质产品少的现象。农产品的生产加工普遍存在仅粗加工、加工效率低、产品附加值比较低的现象。多数家庭农场主不懂市场营销理念，不能对市场进行细分，不能对产品进行准确的市场定位，产品等级划分不确切，大多以统一价格销售；很少有经营者懂得为自己的产品进行包装，特色农产品品牌少，特色农产品的知名品牌更少。在产品销售过程中存在流通渠道环节多、产品流通不畅、交易成本高等问题，也不能及时反馈市场信息。

所以，家庭农场要做好产品销售，就要避免这些普遍存在的问题在本场发生。不仅要研究人们的现实需求，更要研究消费者对农产品的潜在需求，并创造需求。同时要选择一个合适的销售渠道，实现卖得好、挣得多的目的。否则，产品再好，销售不出去，一切前期的努力都是徒劳的。家庭农场销售必须做好本场的产品定位、产品定价、销售渠道等方面工作。

（一）销售渠道

销售渠道的分类有多种方法，一般按照有无中间商进行分类，家庭农场的销售渠道可分为直接渠道和间接渠道。

1. 直接渠道

直接渠道是指生产者不通过中间商环节，直接将产品销售给消费者。如家庭农场直接设立门市部进行现货销售、农场派出推销人员上门销售、接受顾客订货、按合同销售、参加各种展销会和农博会、在网络上销售等。直接销售以现货交易为主要的交易方式，可以根据本地区销售情况和周边地区市场行情，自行组织销售。其可以控制某些产品的价格，掌握价格调整的主动权，同时避免了经纪人、中间商、零售商等赚取中间差价，使家庭农场获得更多的利益。此外通过直接与消费者接触，可随时听取消费者反馈意见，促使家庭农场提高产品质量和改善经营管理。

但是，直接销售很难形成规模，销量不够稳定。经营者受自身能力的限制，对市场需求缺乏深入的了解，无法做好市场预测，经常会出现压栏滞销。

2. 间接渠道

间接渠道是指家庭农场通过若干中间环节将产品间接地出售给消费者的一种产品流通渠道。这种渠道的主要形态有家庭农场—零售商—消费者、家庭农场—批发商—零售商—消费者、家庭农场—代理商—批发商—零售商—消费者等三种。

这类渠道的优点在于接触的市场面广，可以扩大用户群，增加消费量；缺点在于中间环节多，会引起销售费用上升。由于信息不对称，销售价格很难及时与市场同步，议价能力低。

（二）渠道选择

家庭农场经济实力不同，适宜的销售渠道会有所不同，生产者规模的大小、财务状况的好坏直接影响着生产者在渠道上的投资能力和涉及的领域。一般来说，能以最低的费用把产品保质保量地送到消费者手中的渠道是最佳营销渠道。家庭农场只有通过高效率的渠道，才能将产品有效地送到消费者手中，从而刺激家庭农场提高生产效率，促进生产的发展。

渠道应该便于消费者购买、服务周到、购买环境良好、销售稳定和满足消费者欲望。并在保证产品销量的前提下，最大限度地降低运输费、装卸费、保管费、进店费及销售人员工资等销售费用。因此，在选择营销渠道时应坚持销售效率高、销售费用少和保证产品信誉的原则。

家庭农场采取直接销售有利于及时销售产品，减少损耗、变质等损失。对于市场相对集中、顾客购买量大的产品，直接销售可以减少中转费用，扩大产品的销售。由于农场主既要组织好生产，又要进行产品销售，精力分散，因此该渠道对农场主的经营管理能力要求较高。

在现代商品经济不断发展过程中，间接销售已逐渐成为生产单位采用的主要渠道之一。同时，家庭农场将主要精力放在生产上，更有利于生产水平的提高。

家庭农场的产品销售具体采取直接销售模式还是间接销售模式，应全面分析产品、市场和家庭农场的自身条件，权衡利弊，然后做出选择。

（三）营销方法

1. 饥饿营销法

饥饿营销是指商品提供者有意调低产量，以期达到调控供求关系、制造供不应求"假象"、维护产品形象并维持商品较高售价和利润率目的的营销策略。

在畜禽养殖销售上，饥饿营销同样会取得很好的效果。如开设特色生态鹌鹑餐馆，每天销售固定数量的生态鹌鹑，就是典型"饥饿营销"方式。用这种营销方案来造势吸引消费者，可以达到营销目的，还可以维持商品较高的利润率，也可以达到维护品牌形象、提高产品附加值的目的。

消费者的欲望不一、程度不同，欲望激发与引导是"饥饿营销"的一条主线。因此，宣传造势虽然已成为各行各业的家常便饭，必不可少。各养殖场需要根据自身特点，尽量做到选择有度，行销有法，推介有序。

对于大型企业来说，在新品上市时，可以采取电视、电台、报纸、杂志、网络、电梯、车展、明星代言等媒介进行重点宣传推介。

而对于中小型养殖企业来说，由于资金、人力资源、供应能力等限制，更多是用"巧劲"，借力进行宣传，如利用宣传、慰问、赞助各类活动的方法扩大知名度，利用政府行业主管部门的现场会，举办产品推介会、品鉴会，利用新闻媒体及时报道引进优良养殖品种的整个过程，承担政府技术推广、科研项目，针对目标消费群体进行精准营销宣传等，要不失时机地进行宣传等。

2. 体验式营销

体验一词有通过亲身实践来获得经验的意思。而体验式营销就是通过消费者亲身看、听、用、参与的手段，充分刺激和调动消费者的感官、情感、思考、行动、关联等感性因素（见图9-2）和理性因素，重新定义、设计的一种思考方式的营销方法。

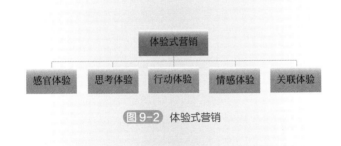

图9-2　体验式营销

体验式营销的关键在于促进顾客和企业之间建立一种良好的互动关系，旨在以用户的需求为导向，设计、生产和销售产品；以用户沟通为手段，关注用户的体验，检验消费情景；以用户满足为目标，积极收集用户反馈，调整营销方法。也就是说，在全面消费者体验时代，不仅需要对消费者有深入和全方位的了解，而且还应把对使用者的全方位体验和尊重凝结在产品层面，让用户感受到被尊重、被理解和被体贴。

体验式营销方式消费者看得见、吃得着、买得放心、宣传效果好。如经常性地组织消费者参观养鹌鹑的养殖全过程，亲身体验养鹌鹑的乐趣，组织特色鹌鹑肉和鹌鹑蛋品鉴活动、免费试吃，提供鹌鹑肉、鹌鹑蛋等赞助大型活动，还可以开设体验店等，提高消费者对鹌鹑产品的认知，扩大知名度。只有让消费者充分了解饲养的过程，知道鹌鹑养殖的条件和方法，消费者才能放心购买生产的鹌鹑产品，生产者也才能做到优质优价。如果再与休闲农业充分地融合，会给投资者带来丰厚的回报。

在实际运用体验式营销时，鹌鹑场需要把握好以下几个方面：

一是以良好的质量为基础。产品品质是营销的核心，体验营销下产品大多只是作为体验的载体而存在，尽管在体验营销的高级阶段，体验甚至脱离产品而独立存在，然而，体验的核心是产品，如果没有过硬的产品品质作保障，就不会取得好的体验效果。没有形成规模、没有形成自己的固定产品，就不要搞体验式销售。

二是要品质内外一致，始终如一。体验的时候把最好的产品、产品最好的一面展示出来，本无可厚非，也是使体验能够达到最佳效果的有效办法。但是，切记不能为了搞好体验而搞体验，就是说不能在体验的时候把最好的产品拿出来，或者弄虚作假，用别人家的产品或者使用作假的手段欺骗体验者，而销售的产品与体验的产品反差太大，甚至相差甚远，这样不但不能使体验时的良好印象延伸，而且会使良好的体验损失殆尽，还会使消费者产生反感，最终受损的是家庭农场。

三是体验活动要组织好。体验式销售讲究的是让消费者在体验中充分感受到产品的优点、产品的可信赖程度，挖掘品牌核心价值，获取高溢价能力，整合多种感官刺激，创造终端体验。这就要求在进行体验时要做好体验活动事前、事中和事后的组织安排。体验活动前的策划，包括制定体验价格、体验场地和线路，评估接待能力，科学安排体验项目和时间安排，工作人员分工明确，活动安全保障措施到位等；体验过程中的组织，做好体验项目和环节的有机衔接，做好应急突发事件的处置等；体验后的销售，通常经过体验以后，体验者会购买一定的产品或将纪念品带走以留给自己继续享用或者作为礼品馈赠给亲朋好友，因此，鹌鹑场要做好这些产品的加工、包装，包装要美观大方、产品标志明显、便于携带等；充分利用产品和纪念品，开展体验促销等。

3. 微信营销

微信营销就是利用微信基本功能的语音短信、视频、图片、文字和群聊等，以及微信支付和微信提现功能，进行产品点对点网络营销的一种营销模式（见图9-3）。

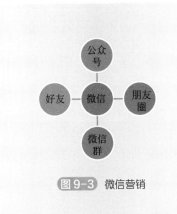

图9-3 微信营销

微信营销是伴随着微信的出现而兴起的。其具有潜在客户数量多、营销方式多元化、定位精准、音讯推送精准、营销更加人性化、营销成本低廉等优势。正是看到微信营销的诸多优点，很多养殖场纷纷采用微信营销来推广销售本场的畜禽产品，并取得了很好的成绩。

如某微信营销成功案例。首先是挖掘故事，情感营销。鹌鹑肉或鹌鹑蛋它最大的价值不在于营养，而是一种情感和味道，只要你抓住那些客户内心深处的东西，才能触动他们的神经，最后成交。可以在微信上发朋友圈，怀念小时候吃的鹌鹑肉或鹌鹑蛋，让喜欢吃的朋友留言，说出爱它的理由，然后选取有代表性的留言，给人送鹌鹑肉食品。

其次是造势预热，吸引眼球。在朋友圈卖东西，预热很重要，要造成一个神秘感，这样才能吸引大家的关注。还有先在朋友圈发布预售，等过几天才发货，这些都是造势。但是造势是非常有讲究的，造势的前提是你和你的微信好友有一定的黏度和信任度，这个是非常重要的。如果你和你的微信好友很少联系和互动，人家不信任你，这根本没有任何效果。可以请交际广泛、威望比较高的人帮助推广，同时也在自己的朋友圈帮他进行预热。

再次是借力营销，提升名气。仅依靠一个人的力量是不够的，在发布预售后，让圈内的好友都帮助在他们的朋友圈分享和推广。在朋友圈营销，一定要借助身边的朋友，尤其是好友多、有一定影响力的人去帮你推广。

最后是灵活多变，满足需求。在微信上卖东西，不像淘宝，系统化流程操作，微信就完全靠人工去完成，一个一个沟通，一个一个接单，非常辛苦和繁琐。在微信上接单，要尽量满足客户的需求，把每个微信好友当作你的好朋友，认真服务、耐心解答，只有这样，人家在收到你的产品时，才乐意帮你在朋友圈分享。为了方便大家，可以采用多种支付方式，如银行卡转账、微信转账、微信红包、支付宝等都可以。

微信营销作为微时代企业营销的利器，其营销优势不言而喻。但养殖场只有正确、合理地利用微信营销才能为企业带来丰厚的收获。因此，养殖场在采用微信营销时要注意以下几点：

一是不能干扰他人。生活中，我们经常会收到一些自己不感兴趣的推销信息，特别是有从事销售的微信好友，在朋友圈中每天都发上几条甚至十几条的推销信息，每当查看朋友圈时，几乎都是这些人发的推销信息，让人不胜其烦，如果不是碍于情面，这样的好友早就被屏蔽了。像这样的推销已经干扰到了他人的生活，推销的效果可想而知。所以，微信营销要做到精准、适度，要讲究营销策略，不能不管需要不需要、喜欢不喜欢都一律对待，比如有的人将推销的信息编辑到每天的天气预报中，每天早上实时推送，为准备出行的人提供参考，这样既达到了介绍产品的目的，又不使人反感，达到"润物细无声"的效果。

最好单独建立微信群做微信营销，内容可以围绕产品饲养管理的每一个环节、畜禽生长过程及饲养进度进行图片、视频、文字的直播，特别是刚出生的小鹌鹑，此时憨态可掬的样子最能激发人们的爱心，也最吸引人。还可以每天转发一些养生保健知识，比如结合节气变化，介绍一下饮食注意事项和饮食风俗习惯，如什么时候吃鹌鹑最滋补、什么人适合吃鹌鹑蛋等，要及时提醒，然后结合自己的产品介绍一下这些食品的做法等。

二是讲诚信。产品内容介绍要与实物相符，要实事求是、有理有据，不能凭空捏造、夸大其词。因为消费者最终靠的是实际体验。承诺的事项要兑现，不能说了不算，或者与消费者玩文字游戏，这些都是不诚信的表现，也是消费者最讨厌的做法。比如某集赞送礼品活动，等消费者兴冲冲地去取礼品的时候，组织者不是以来晚了、活动结束了，就是以礼品没有了，或者集的赞不符合要求等理由来搪塞消费者，引起消费者的不满，有的甚至引发群体闹事。

三是不能期望过高。在日常经营过程中，许多养殖场对于微信营销给予厚望。但是，从微信的前景和需求来看，在养殖场营销能力上，在消费群体选择方面，存在一定的盲目性、不确定性等。这也决定了微信营销在公众平台上的营销效果是有限的。微信营销只是众多营销方法中的一种，而且，也没有哪种营销手段是绝对的灵丹妙药。要采取多种营销手段，打好组合拳才是制胜的法宝。

4. 网络营销

网络营销是基于互联网及社会关系网络连接企业、用户及公众，向用户传递有价值的信息和服务，实现顾客价值及企业营销目标所进行的规划、实施及运营管理活动。

网络营销以互联网为技术基础，以顾客为核心，以为顾客创造价值作为出发点和目标，连接的不仅仅是电脑和其他智能设备，更重要的是建立了企业与用户及公众的连接，构建一个价值关系网，成为网络营销的基础。可见，网络营销不仅是"网络＋营销"，还是一种手段，同时也是一种思想。其具有传播范围广、速度快、无时间地域限制、内容详尽、多媒体传送、形象生动、双向交流、反馈迅速等特点，可以有效地降低企业营销信息传播的成本。常用的网络营销工具有养殖企业网站、微博、微信公众号等（见图 9-4）。

如今，网络使用和网上购物迅猛发展，数字技术快速进步。很多企业纷纷在各种社交网络上建立自己的主页，以此来免费获取巨大的网上社群中活跃的社交分享所带来的商业潜力。

如有人养了两万只鹌鹑，开始的时候鹌鹑蛋是在线下批发销售，一天赚不到 100 块钱，行情不好时连成本都收不回来。看到人们在网上开店卖服装、日用品、农产品，收入都不错。于是她想到把鹌鹑蛋放到网上扩展渠道。每天早上拣完鹌鹑蛋，伺候完鹌鹑，她就躲进屋里研究网店。后来索性直接将养鹌鹑的原生环境不加修饰放到店里，并介绍鹌鹑每天吃的食物，鹌鹑蛋的食用方法、营养等。本着一分价钱一分货的原则，她给产品定了"高价"，一箱100枚的鹌鹑蛋卖55元，彼时传统线下批发渠道价格较低，100枚蛋大概在15～20元。网店的利润相对线下较为可观。

图9-4　网络营销

　　还有一个小伙网上卖鹌鹑，后来一年能卖60万元以上。小伙的父母是鹌鹑养殖专业户，计算机专业毕业的他想到了在网上帮着父母卖货。2015年，他在某宝上用母亲的名字注册了一家网店，把家里的养殖场画面拍成视频放在网店首页，又购买了真空包装设备，并承诺每只鹌鹑都保证当天宰杀当天寄出，绝对保证新鲜。

　　为了吸引客户，他还搞了促销活动。每只鹌鹑的市场价是4元，网上的售价是每只3.6元，满40只包邮，超过100只实行阶梯价。他说："才开始时，靠薄利多销，多赚一些人气和口碑。"不光鹌鹑肉、鹌鹑蛋卖得好，就连鹌鹑粪便、内脏也有人买回去做花肥。头一年盘账，就让父母吃惊不小，网上的销售居然达到了近10万元。2016年销售额20多万元，2017年60多万元。看到网店的销售额成倍翻番，他让父母把鹌鹑的养殖量扩大到10万只。就算这样，鹌鹑还常常不够卖。

他坦言，网店生意好还有一个秘诀——提供个性化的定制宰杀服务。比如卖鹌鹑肉，客户的需求千奇百怪，有的不要鹌鹑头，有的不要皮，有的烧烤店需要开肚，有的需要留脚，有的要求剪背或剪块，有的则要求用绞肉机打碎……

"只要客户提出来，我们都会满足。"他说，原本家里请了2个人做屠宰，现在则增加到4个人。定制化的服务让客户很满意，也愿意为增值服务买单。

七、重视鹌鹑养殖过程中的食品安全问题

《中华人民共和国食品安全法》第十章附则第一百五十条规定：食品安全，指食品无毒、无害，符合应当有的营养要求，对人体健康不造成任何急性、亚急性或者慢性危害。

食品安全的含义有三个层次：第一层为食品数量安全，即一个国家或地区能够满足民族基本生存所需的膳食需要。要求人们既能买得到又能买得起生存生活所需要的基本食品。第二层为食品质量安全，指提供的食品在营养、卫生方面满足和保障人群的健康需要，食品质量安全涉及食物的污染、是否有毒，添加剂是否违规超标，标签是否规范等问题，需要在食品受到污染界限之前采取措施，预防食品的污染和遭遇主要危害因素侵袭。第三层为食品可持续安全，这是从发展角度要求食品的获取需要注重生态环境的良好保护和资源利用的可持续。

作为负有食品安全责任的养殖者，有责任、有义务做好生产环节的食品安全工作。

（一）主动按照无公害食品生产的要求去做，建立食品安全制度

鹌鹑养殖场要视食品安全为生命线，坚决不购买和使用违禁药品，不使用受污染的饲料原料和水源，不购买来历不明的饲料兽药。

（二）生产环节做好预防工作

做好粪便和病死鹌鹑的无害化处理、饲料的保管、水源保护工作，避免出现环境、饲料原料和饮水的污染。严格执行停药期的规定，避免出现药物残留。

（三）积极落实食品安全可追溯制度，建立生产过程质量安全控制信息

主要包括：饲料原料入库、贮存、出库、生产使用等相关信息；生产过程环境监测记录，主要有空气、水源、温度、湿度等记录；生产过程相关信息，主要有兽药使用记录、免疫记录、消毒记录、药物残留检验等内容，包括原始检验数据并保存检验报告；鹌鹑相关信息，包括体重、数量、生产日期、检验合格单、销售日期、联系方式等内容。做好食品安全可追溯工作（见图9-5），不仅是食品安全的要求，同时还可以提高鹌鹑场的知名度和经济收益，一个食品安全做得好的鹌鹑场，其鹌鹑肉必定受到消费者的欢迎。

（四）主动接受监督，查找落实食品安全方面的不足

如主动将鹌鹑肉产品送到食品监督检验部门做农兽药和禁用药物残留监测。

图 9-5 国家农产品质量安全追溯管理信息平台

参 考 文 献

［1］何艳丽，李生.鹌鹑高效养殖技术一本通［M］.北京：化学工业出版

社，2012.

［2］杨治田.鹌鹑养殖技术图说［M］.郑州：河南科学技术出版社，2001.

［3］林其骙.鹌鹑高效益饲养技术［M］.北京：金盾出版社，1997.

［4］赵宝华，李慧芳，罗峻.鹌鹑高效养殖关键技术［M］.北京：中国农业出版

社，2017.